U0263026

# 移动互联网安全技术解析

肖云鹏　刘宴兵　徐光侠　著

科学出版社

北　京

# 内 容 简 介

　　移动互联网是当今通信与计算机领域的热门课题。随着移动互联网的普及，其面临的安全问题也变得尖锐。本书系统介绍移动互联网安全问题。全书共 7 章，内容包括绪论、移动互联网安全基础、移动互联网安全架构、移动互联网终端安全、移动互联网网络安全、移动互联网应用安全及移动互联网安全案例分析。

　　本书可作为移动互联网安全领域专业技术人员、研究人员、管理人员、优化与维护人员以及高等院校相关专业师生的参考资料。

**图书在版编目（CIP）数据**

移动互联网安全技术解析/肖云鹏，刘宴兵，徐光侠著. —北京：科学出版社，2015.2

ISBN 978-7-03-043457-9

Ⅰ. ①移⋯　Ⅱ. ①肖⋯　②刘⋯　③徐⋯　Ⅲ. ①移动通信–互联网络–安全技术　Ⅳ. ①TN929.5

中国版本图书馆 CIP 数据核字（2015）第 035755 号

责任编辑：张艳芬　王迎春 / 责任校对：桂伟利
责任印制：徐晓晨 / 封面设计：蓝　正

*科学出版社*出版
北京东黄城根北街 16 号
邮政编码：100717
http://www.sciencep.com

**北京中石油彩色印刷有限责任公司** 印刷
科学出版社发行　各地新华书店经销

\*

2015 年 2 月第　一　版　　开本：B5（720×1000）
2021 年 7 月第六次印刷　　印张：11 3/4
字数：224 000

定价：70.00 元
（如有印装质量问题，我社负责调换）

# 前　言

随着当下移动网络接入带宽的提升以及移动终端软硬件的快速更新，伴随着大数据、电子商务等重要计算机技术的发展，移动互联网成为当前学术界和产业界关注的热点。由于移动设备具有便携性，移动互联网真正使得"任何地方、任何时间、任何人"享受网络服务成为可能。用户在家里、地铁、机场、火车站等随处尽可享受社交网络、电子商务、手机电子、移动支付等各种移动互联网应用服务，移动互联网技术也自然成为近年来信息技术领域的研究重点。

随着移动互联网的发展，特别是电子商务、手机支付应用的普及，移动互联网安全成为移动互联网健康发展的重要保障。保证移动互联网安全涉及众多具体细节问题，如通信安全、传输安全，传统的加密方法在资源受限的移动终端上的解决方案、终端安全、终端应用安全等问题。在 2014 年中国互联网大会上，为积极维护公共网络安全环境，遏制网络攻击威胁源头，中国工业和信息化部提出将研究制定移动互联网应用安全管理办法。2014 年 2 月 27 日，中央网络安全和信息化领导小组成立，习近平总书记担任组长，中央网络安全和信息化领导小组办事机构为中央网络安全和信息化领导小组办公室，可见网络安全的重要性。

我们在结合实际项目，参阅大量中外文献资料的基础上，撰写了本书。意在介绍移动互联网发展的新趋势、移动互联网安全的主要关键技术。全书共 7 章。第 1 章以简明且易于理解的方式向读者介绍不断发展的移动互联网及移动互联网安全问题与发展趋势。第 2 章从密码学的角度从基础研究到工程应用方面介绍移动互联网安全涉及的一些密码学知识。第 3 章从终端和网络的角度整体介绍移动互联网安全架构。第 4 章和第 5 章分别详细分析终端安全和网络安全的关键问题。第 6 章从应用的角度分析移动互联网应用安全所面临的问题。第 7 章结合实际项目，给出一些移动互联网安全案例分析。

本书的部分内容得到了国家科技重大专项（No.2011ZX03002-004-03）、国家自然科学基金项目（No.61272400）、教育部-中国移动科研基金（No.MCM20130351）、2013 年重庆高校创新团队建设计划资助项目（No.KJTD201310）、重庆市青年人才培养计划（No.cstc2013kjrc-qnrc40004）、重庆邮电大学文峰创新创业基金项目（No.WF201403）和重庆邮电大学出版基金的资助。

本书章节撰写分工如下：肖云鹏负责第 1、2、5、6 章的撰写，刘宴兵负责第 3 章的撰写，徐光侠负责第 4、7 章的撰写，肖云鹏负责全书统稿。黄德玲、龚波、袁仲、张海军、蹇怡、马晶、刘亚、钟晓宇、冉欢、卢星宇等硕士研究生参与了本书的材料整理、文字排版和图版绘制工作，北京邮电大学王柏、吴斌在本书的撰写过程中给予了建议和指导。谨在此向他们表示衷心的感谢，同时感谢所有直接或间接为本书做出贡献的同事和朋友。

在撰写本书的过程中，考虑到不同层次读者的需要，书中每一部分都从基本原理入手，由浅入深、循序渐进，直至分析关键问题、剖析具体算法，读者可以根据具体需要有选择地阅读。

由于移动互联网及其安全相关技术和标准化工作还在研究过程中，多种解决方案还处于研究和讨论阶段，有些相关的研究成果来源于外文期刊，加之作者水平有限，书中难免有不足之处，敬请读者批评指正。

作　者

2014 年 10 月

# 目　　录

# 第1章 绪　　论

## 1.1　移动互联网简介

### 1.1.1　移动互联网的概念

21 世纪初，通信与信息领域发展最快的毫无疑问是移动通信与互联网。从广义上讲，移动互联网就是移动通信与互联网结合的产物，其将移动通信技术和互联网技术整合起来，以各种无线网络（WLAN、WiMAX、GPRS、CDMA 等）为接入网，为各种移动终端（手机、平板计算机和 PDA 等）提供信息服务。而以手机为终端，通过移动通信网络接入互联网就是狭义上的移动互联网。本书讨论的范围主要是狭义的移动互联网。移动互联网和固定有线互联网的主要区别在于终端和接入网络，以及由终端和移动通信网络的特性所带来的独特应用。

### 1.1.2　移动互联网和固定有线互联网的差异

移动互联网同固定有线互联网在技术上的差别主要在于终端和接入网络，下面从三方面来说明二者的差异。

（1）移动互联网可以对用户身份和位置进行锁定。北京中研博峰咨询有限公司 2012 年的调查显示，92.4%的连接到移动互联网的终端（以手机为主）是属于个人使用的，即移动互联网服务提供商可以通过手机号、IEMI 号确定用户身份和位置。通过对用户行为数据分析及深度数据挖掘来引导自身的商业行为，以此来迎合用户需求。

（2）相对于固定有线互联网终端以 PC 为主，移动互联网的终端类型极其丰富，而移动互联网应用最广泛的终端是随身携带的手机，手机终端拥有比 PC 更大的用户范围，因此，其对业务应用的要求也有很大差异。总体来说，手机终端要求移动互联网的应用要更为简单化、方便化、傻瓜化。因此，手机上的移动互联网应用应该建立在快捷、精确的基础之上，用户不可能也没有条件根据自己的需求在海量的信息里寻找自己的目标。

（3）介于移动互联网终端的种种特点，用户对移动互联网的应用只能集中在一些碎片化的时间段里，而在整段的时间里，用户更倾向于人机界面更为丰富的传统互联网应用。这就要求移动互联网服务提供商构建能够满足用户在碎片化时间需求的应用，这些需求具有实时性、应急性、无聊性、无缝性等特性。

### 1.1.3　移动互联网的市场前景

中国互联网络信息中心（CNNIC）最新发布的报告显示，截至 2012 年 6 月底，我国手机网民规模达到 3.88 亿，较 2011 年年底增加了约 3270 万，网民中用手机接入互联网的用户占比由 2011 年年底的 69.3%提升至 72.2%，如图 1-1 所示。当前，智能手机功能越来越强大，移动上网应用出现创新热潮，同时手机价格不断走低，千元智能手机的出现大幅度降低了移动智能终端的使用门槛，从而促进了普通手机用户向手机上网用户的转化。

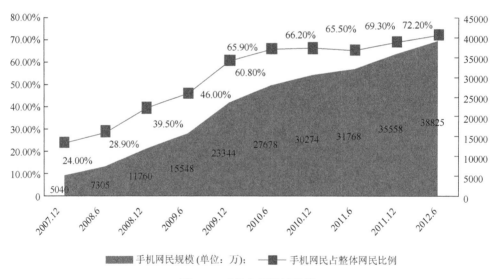

图 1-1　手机上网网民规模

手机上网快速发展的同时，台式计算机这一传统上网终端的使用率一直在下降，2012 年上半年使用台式计算机上网的网民比例为 70.7%，相比 2011 年下半年下降了 3.6%，如图 1-2 所示。

在这样的发展趋势下，目前我国网民实现互联网接入的方式呈现出全新格局，截至 2012 年 6 月，通过手机接入互联网的网民数量达到 3.88 亿，相比之下台式计算机为 3.80 亿（图 1-3），手机成为我国网民的第一大上网终端。

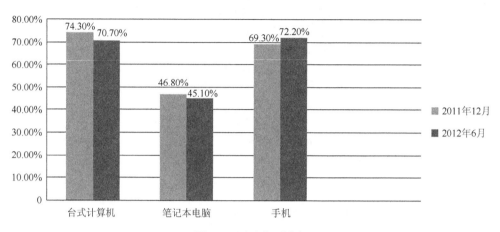

图 1-2 网民上网设备

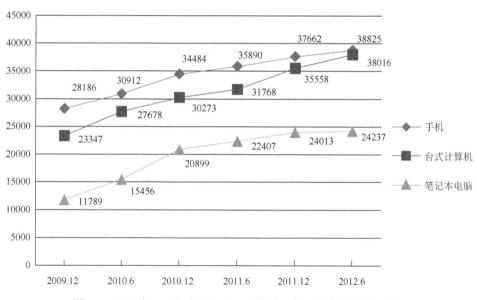

图 1-3 2009 年 12 月～2012 年 6 月使用各类终端上网的网民规模

2012 年上半年，交流沟通类应用与信息获取类应用依然是手机的主流应用，其中手机网民对手机微博和手机搜索的使用率有较大幅度增长；手机娱乐类应用中，在线收看或下载视频发展速度较快；手机商务类应用渗透率较低，但用户规模增长较快，如图 1-4 所示。

图1-4  2011年12月~2012年6月手机网民网络应用

## 1.2  移动互联网的发展

### 1.2.1  移动互联网的发展现状

移动互联网始于20世纪90年代中期,国外学者较国内学者更早开始关注,发表了大量的学术论文和专著。通过查阅大量国外相关文献,发现目前国外移动互联网研究主要沿着五个方向进行。第一个方向是对移动互联网的基础理论研究,主要涉及对移动互联网的概述性研究及未来发展方向的研究、与消费者行为相关的研究、对移动互联网商业战略及商业模型的研究、相关法律和道德研究等。Wu和Wang扩展了技术接受度模型(TAM)并将其应用到移动互联网中。第二个方向是对无线网络基础设施的研究,主要涉及对无线和移动网络的研究、对网络要求的研究。Oulu对蓝牙和无线应用协议(WAP)技术在移动互联网中的应用,尤其是在移动广告中的应用进行了详细的阐述。第三个方向是对移动中间件的研究,主要包括对Agent技术的研究、对数据库管理的研究、对安全技术的研究、对无线/移动通信组件的研究、对无线和移动协议的研究。Choi和Park对Agent技术进行了一定的研究。第四个方向是对移动用户终端的研究,如智能手机和掌上电脑(PDA)。软件方面主要是移动用户界面,指移动设备终端进行移动互联网应用时所使用的操作系统和界面。Parry 阐述了移动终端设备目前的一些发展状况，Lee 和 Cheng 阐述了作为终端设备的 PDA 在保险业中的应用，并证明其在保险业中是非常适用的。第五个方向是移动互联网应用和案例研究，主要包括移动金融、移动广告、移动库存管理、商品的搜索和购买、主动服务管理（proactive service management）、移动拍卖和反向拍卖、移动娱乐服务、在线游戏、移动办公、移动远程教育和无线数据中心等多个领域。Ngai 等介绍了无线射频识别技术在移动互联网商务方面的应用。

中国移动互联网研究开始于 2000 年，十多年来，其发展非常迅速，国内各种有关移动互联网方面的研究日益增多，主要沿着三个方向进行。第一个方向是移动互联网的概述性研究，主要包括移动互联网的特征、发展现状、发展趋势、影响因素等方面。庾志成认为移动互联网发展迅猛，以娱乐类业务为例，目前基于手机的娱乐内容已经创造了一个数百亿元的市场，成为运营商发展的重要战略，从长远来看，移动互联网的实现技术多样化、商业模式多元化和参与主体多样性是重要发展趋势。赵慧玲指出移动互联网往往更需要互联网公司与运营商的合作，合作远大于竞争，移动互联网的网络基础设施代表是下一代互联网，业务应用平台的最终目标是支持大量有效的互联网应用。王欣认为移动互联网给电信业带来了新的发展机会，为增值业务创造了全新的商业运作模式，其业务优势在于个性化、实用性和灵活性。第二个方向是关于移动互联网具体业务应用的研究。李高广等认为移动搜索是指用户以移动通信终端（如手机、PDA 等）为终端，通过 SMS、WAP、IVR 等多种接入方式进行搜索，从而高效、准确地获取 Web、WAP 站点等的信息资源。移动搜索是互联网与移动通信产业融合的产物，但由于它真正地满足了人们随时随地获取信息的需求，极大地改善了人们使用移动互联网的体验，促进了移动互联网的普及发展，因而又反作用于互联网与移动通信产业，有力地推动了两者的加速融合。娄路等认为位置服务作为移动通信网络提供的一种增值业务正悄然兴起，随着 3G 业务的发展，基于位置的综合信息服务有了更为广阔的发展空间。第三个方向是移动互联网的关键技术研究。何达等认为移动性是互联网的发展方向之一，移动互联网的基础协议能支持单一无线终端的移动和漫游功能，但这种基础协议并不完善，在处理终端切换时，存在较大时延且需要较大的传输开销，此外它不支持子网的移动性，移动互联网的扩展协议能较好地解决上述问题。宋文东认为对等网络（peer to peer，P2P）技术是通过在系统之间直接交换来共享资源和服务的一种应用模式，在 P2P 网络结构中，每个节点的地位都是相同的，同时具有客户端和服务器的双重功能，可以同时作为服务使用者和服务提供者，P2P 不仅是一种技术，更是一种思想，集中体现了互联网平等、开放、自由的本质和特性。

## 1.2.2　移动互联网的发展趋势

### 1. 实现技术多样化

移动互联网是电信、互联网、媒体、娱乐等产业融合的汇聚点，各种宽带无线通信、移动通信和互联网技术都在移动互联网业务上得到了很好的应用。从长远来看，移动互联网的实现技术多样化是一个重要趋势。

1）网络接入技术多元化

目前能够支撑移动互联网的无线接入技术大致分为三类：无线局域网接入技术 WiFi、无线城域网接入技术 WiMAX 和传统 3G 加强版的技术（如 HSDPA 等）。不同的接入技术适用于不同的场所，使用户在不同的场合和环境下接入相应的网络，这势必要求终端具有多种接入能力，也就是多模终端。

2）移动终端解决方案多样化

终端的支持是业务推广的生命线，随着移动互联网业务的逐渐升温，移动终端解决方案也不断增多。移动互联网设备中最为用户熟悉的就是手机，也是目前使用移动互联网最常用的设备。Intel 公司推出的 MID 利用蜂窝网络、WiMAX、WiFi 等接入技术，并充分发挥 Intel 在多媒体计算方面的能力，支撑移动互联网的服务。2007 年 11 月初，美国亚马逊公司发布了电子书阅读终端，使得用户可以通过无线网络型亚马逊网站下载电子书、订阅报纸及浏览博客。

3）网关技术推动内容制作的多元化

移动和固定有线互联网的互通应用发展使得有效连接互联网和移动网的移动互联网网关技术受到业界的广泛关注。采用这一技术，移动运营商可以提高用户的体验并能更有效地管理网络。移动互联网网关实现的功能主要是通过网络的内容转换等技术适配 Web 网页、视频内容到移动终端上，使得移动运营商的网络从"比特管道"转变成"智能管道"。由于大量新型移动互联网业务的发展，移动网络上的数据流量越来越大，在移动互联网网关中使用深度包检测技术，可以根据运营商的资费计划和业务分层策略有效地进行流量管理，网关技术的发展极大地丰富了移动互联网的内容来源和制作渠道。

### 2. 商业模式多元化

成功的业务需要成功的商业模式来支持。移动互联网业务的新特点为商业模式创新提供了空间。目前，流量、彩铃、广告这些传统的赢利模式仍然是移动互联网赢利模式的主体，而新型广告、多样化的内容和增值服务则成为移动互联网企业在赢利模式方面主要的探索方向。广告类商业模式是指免费向用户提供各种信息和服务，而赢利则是通过收取广告费来实现，如门户网站和移动搜索。内容类商业模式是指通过对用户收取信息和音视频等内容费用赢利，如付费信息类、手机流媒体、移动网游、UGC（user generated content）类应用。服务类商业模式是指基本信息和内容免费，用户为相关增值服务付费的赢利方式，如即时通信、移动导航和移动电子商务。

### 3. 参与主体的多样性

移动互联网时代是融合的时代，是设备与服务融合的时代，是产业间互相进入的时代，在这个时代，移动互联网业务参与主体的多样性是一个显著的特征。技术的发展降低了产业间以及产业链各个环节之间的技术和资金门槛，推动了传统电信业向电信、互联网、媒体、娱乐等产业融合的大 ICT（information communication technology）产业的演进，原有的产业运作模式和竞争结构在新的形势下已经显得不合时宜。在产业融合和演进的过程中，不同产业原有的运作机制和资源配置方式都在改变，产生了更多新的市场空间和发展机遇。为了把握住机遇，相关领域的企业都在积极转型，充分利用在原有领域的传统优势拓展新的业务领域，争当新型产业链的整合者，以图在未来的市场格局中占据有利地位。

### 4. 移动大数据挖掘的营销化

随着移动宽带技术、网络接入技术的迅速提升，更多的传感设备、移动终端能够随时随地地接入网络，加之云计算、物联网等技术的带动，中国移动互联网也逐渐步入大数据时代。目前的移动互联网领域，仍然是以位置的精准营销为主，中国智能手机用户的大网络流量数据为大数据分析提供了数据资源，而移动终端一般具有更精确的身份标识，数据则更具有商业价值。在未来随着大数据相关技术的发展，以及人们对数据挖掘的不断深入，针对用户个性化定制的应用服务和营销方式将成为发展趋势，它将是移动互联网的另一片蓝海。

总之，在移动互联网时代，传统的信息产业运作模式正在被打破，新的运作模式正在形成。对于手机厂商、互联网公司、消费电子公司和网络运营商来说，这既是机遇，也是挑战，因此他们正积极参与到移动互联网的市场竞争中。

## 1.3　移动互联网安全概况

### 1.3.1　移动互联网安全现状

事实上，移动互联网来自移动通信技术和互联网技术，可谓取之于传统技术，而超脱于传统技术，但是不可避免地，移动互联网也继承了传统技术的安全漏洞。移动互联网不同于传统移动通信的最主要特点是扁平网络、丰富业务和智能终端。由此导致的安全事件总体可以归纳为四部分，即网络安全、业务安全、终端安全和内容安全。

不同于传统多级、多层传统通信网，移动互联网采用的是扁平网络，其核心是 IP 化。但是由于 IP 网络与生俱来的安全漏洞，故 IP 自身带来的安全威胁也在向移动核心网渗透。近年来，日益严重的网络安全问题越来越受到人们的关注，僵尸主机正在与蠕虫、其他病毒和攻击行为等结合起来，不仅威胁到公众网络和公众用户，也越来越多地波及其承载网络的核心网。特别是移动互联网的控制数据、管理数据和用户数据同时在核心网上传输，使终端用户可能访问到核心网，导致核心网不同程度地暴露在用户面前。在这样的背景下，对于电信运营商而言，其核心网络和业务网络的安全问题也变得越来越严峻。

不同于全部由运营商管理的单一业务通信网，移动互联网承载的业务多种多样，部分业务还可以由第三方终端用户直接运营。特别是移动互联网引入了众多的手机银行、移动办公、移动定位和视频监控等移动数据业务，虽然丰富了手机应用，但也带来了更多的安全隐患。目前，利用 Web 网络提供的网站浏览业务大肆散发淫秽色情信息屡禁不止。

不同于传统用户终端仅仅是传统通信网的从属设备，移动互联网中使用的基本上都是智能终端。随着中国移动互联网的日趋成熟、移动业务的飞速发展及第三方应用的快速增长，移动智能终端功能的多样化、使用普及化已是大势所趋，越来越多的基于 Symbian、Windows Mobile、IOS、Android、Linux 等开源操作系统的移动智能终端被人们所广泛使用。但是，伴随而来的安全问题也日渐增多：一方面，移动智能终端大大促进了移动业务的发展，方便了用户使用；另一方面，移动智能终端的开放性、灵活性也增加了安全风险，特别是在移动互联网发展初期，为了快速抢占移动市场，移动企业更注重移动智能终端的灵活性和移动业务的多样性，而忽视了移动智能终端的安全性，导致一系列与移动智能终端相关的安全事件和潜在威胁，具体表现有手机内置恶意吸费软件和内置色情信息链接等安全事件。随着移动互联网的推进，手机上网规模加大，互联网的安全问题在手机上进一步凸显。

不同于传统运营商"以网络为核心"的运营模式，移动互联网转移到"以业务为核心"的运营模式，并且逐渐集中到"内容为王"。事实上，已经有众多内容服务商，如手机广告、手机游戏、手机视频和手机购物等传统互联网上的内容服务企业都在第一时间挤入移动互联网这个未来的大产业中。移动互联网最大的特色就是它能够提供更多增值业务，其中业务内容就成了移动互联网业务发展的动力源泉。但是，移动互联网内容服务也带来了许多新问题：为了获取高额利润，一些 WAP 网站增加了具有诱惑性的图片，通过吸引手机用户获利，严重危害社会道德，损害未成年人身心健康，成为亟待彻底整治的行业问题和社会问题。

移动互联网服务过程中会发生大量的用户信息（如位置信息、消费信息、通信信息、计费信息、支付信息和鉴权信息等）交换，如果缺乏有效的管控机制，将导致大量用户信息滥用，使用户隐私保护面临巨大的挑战，甚至出现不法分子利用用户信息进行违法活动。同时，随着移动互联网的发展，垃圾信息的传播空间将大大增加，垃圾信息的管理难度也会不断增加。

## 1.3.2 移动互联网安全应对策略

全方位多层次部署安全策略，并针对性地进行安全加固，才能打造出绿色、安全、和谐的移动互联网世界。移动互联网安全对策架构如图 1-5 所示。

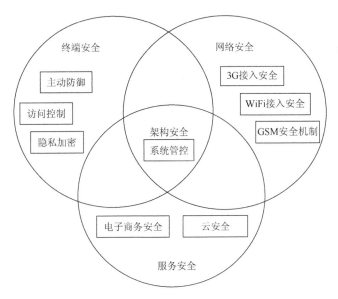

图 1-5 移动互联网安全对策架构

1）终端安全加固

终端安全主要指对承载业务的终端进行安全加固。目前移动互联网的终端层主要可以分为主动防御、访问控制、隐私加密三部分。主动防御主要是通过安全软件对恶意攻击进行主动防御。访问控制主要是指按用户身份及其所归属的某项定义组来限制用户对信息项的访问权限。隐私加密通过对加密算法 DES、3DES、RC2、RC4、RSA、AES、MD5 对隐私数据加密，达到安全保护的目的。

2）网络层安全对策

应对网络层的安全威胁，首先分析移动互联网不同接口及不同的网络层面存在的安全威胁，然后按照安全域划分理论对移动互联网划分不同的安全域。

安全域主要根据风险级别和业务差异进行划分，将同一网络安全层次内服务器之间的连接控制在区域内部。根据划分原则，无线网络的安全区域可分为 Gi 域、Gp 域、Gn 域、Om 域、Ga 域、计费中心接口域等，在不同的安全边界，通过实施和部署不同的安全策略和设备来完成边界的安全防护，最后进行相应的安全加固。

在网络层的安全加固过程中，需要注意的是不能因为安全而安全，因为安全没有最完美的情况，运营商的网络是以收入为中心的网络，所以安全措施也一定要基于业务可存活进行实施。

3）服务安全策略

在服务安全问题上，需要重视以下三方面的问题：①业务如何实现可视化；②解决业务管道化问题；③如何对非法业务进行有效管控。首先，在网络当中，考虑对深度包检测技术（deep packet inspection，DPI）系统的引进。安全问题一般在网络层上分析，因为在应用层上很难看清楚。通过 DPI 系统可以很好地把网络流量可视化，能够看清网络中的业务流量和非法业务流量，通过细分流量和业务，可以有针对性地开展业务或屏蔽一些非法业务，从而提升用户的业务体验。

4）管理层面安全对策

无线业务网络通常在管理上都是采用带外管理，但是带外管理同样存在安全威胁。管理层面的安全威胁点主要是非授权访问、网络层攻击、管理信息泄露/篡改等，相应的对策如图 1-6 所示。

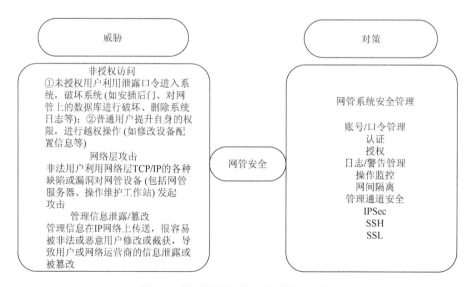

图 1-6　管理层面临的安全威胁及对策

需要补充的是，很多本地网的业务系统 MSC、MGW 等，目前基本上都是通过 DCN（data communication network）实现网络管理的，对于业务系统而言，DCN 及网管终端是不可信的，但是很多本地网在 DCN 和业务系统之间没有进行安全手段隔离和加固，这是非常大的安全隐患，如果网管终端把安全威胁引入业务系统，后果将不堪设想，所以在进行管理安全分析时，一定要考虑业务系统和网管网络的边界隔离问题，在不可信区域边界一定要实施相应的安全隔离手段。

### 1.3.3　技术与安全意识缺一不可

凡事预则立，不预则废。移动互联网的安全防护，既需要吸取在固定有线互联网安全上的成功经验，又应当考虑其自身特点。在大规模商用之初，统筹安排、灵活部署将为后续的业务发展打下良好的根基。此外，安全问题无时不在、无处不在，技术手段只能被动防御。在此基础上，只有提高网络建设者和消费者的安全防护意识，做到技术和安全意识相结合，才能让移动互联网安全、平稳地长期发展下去。

## 1.4　移动互联网安全的发展趋势

移动互联网面临的问题与挑战实际是由移动智能终端、移动网络、移动互联网应用中潜在的威胁构成的，要全面分析与解决问题，必须准确把握移动互联网安全的发展趋势，定位问题的根源，有针对性地设计解决方案与技术。下面详细介绍移动终端、移动互联网网络以及移动互联网应用的安全发展趋势。

### 1.4.1　未来终端安全形势

移动终端虽具备体积小、便携性强的优点，但其性能、存储空间和资源都有一定的局限性。面对日益增多的恶意软件攻击、黑客频繁获取用户终端私密信息、不断暴露的系统漏洞和病毒方法缺陷，未来的终端安全形势依然严峻。

1）窃取用户隐私

移动终端作为人们生活的必备物品，承载着大量的个人隐私。移动终端感染恶意软件或移动终端丢失，都可能导致用户的私密信息和敏感资料泄露。如今，黑客通过手机窃取用户隐私已形成完整的产业链，其主要通过售卖窃听软件和利用病毒窃取用户信息。一组来自国家计算机网络应急技术处理协调中心的数据显示，每天因为手机卧底软件造成的窃密事件高达 6600 次以上。来自 360 手机安全中心的数据显示，2010 年手机出现木马/恶意软件数量超过 4400 款，每 1000 万用户就有 260 万人的手机感染病毒，感染总数量超过 800 万，这些足以说明黑色产业链的规模不容小视。

2）恶意软件侵袭

移动网与互联网的融合在带给人们诸多便利的同时，也引发恶意软件和恶意程序从 PC 端转向更加容易获得经济利益的移动互联网终端，移动互联网终端有自身的特点，服务提供商收费方便，用户缴费方式较多，另外，躲藏在移动终端的恶意软件很容易扣费和窃取信息，更为严重的是大多数智能手机用户不太了解手机中存在的恶意软件，安全防护意识比较薄弱，忽略了手机恶意软件即将对自身造成的威胁。

未来入侵移动终端的恶意软件会朝着多样化和破坏性更强的趋势发展。移动终端恶意软件的行为主要分为以下几大类。

（1）自行联网：向外发送短消息和拨打电话，使得移动终端产生未经过用户授权的恶意订购操作。

（2）窃取本地用户信息：如终端设备的国际标识码、通讯录中的联系人信息、用户的通话记录、短信和彩信内容、用户终端存储的文件数据、用户个人的地理位置信息等。

（3）破坏性的恶意软件和恶意程序代码段：悄悄地删除用户终端上的文件以及通讯录中的数据；将终端的操作系统恢复为出厂设置；破坏智能卡（Scard）上安装的应用程序，使其不能正常使用；随意设置某些恶意网站的链接等。

（4）窃取用户账号：通过监听终端用户的交易操作过程，盗取用户的账号和密码，甚至更改用户设置的安全密码。

（5）消耗资源类：不断地调度操作系统中的某些作业，使得系统总是处于运转的状态，占用操作系统的全部资源。或者不断地寻找蓝牙设备，不停地消耗终端的电池电量，缩短电池的寿命。

（6）破坏系统的安全防护机制：卸载用户终端的安全软件，实现自身程序的自启动、难删除、隐藏等功能。

从长期的发展趋势来看，第三种和第五种类型的恶意软件将逐渐退出人们的视线，原因是这两类恶意软件的破坏性都仅局限于移动终端，对于发起攻击的一方毫无利益可言。移动终端未来面临的恶意软件主要是第一类、第二类、第四类，而第六类是移动终端恶意软件制作者和杀毒软件公司之间的比拼，他们需要加强自身的战斗力，互相博弈，防止被对方消灭，这是他们彼此之间的利益之战。

前面已经叙述了入侵移动终端的恶意软件可能带来的威胁，针对这些威胁，解决方案不是唯一的，不同的问题需要不同的解决思路。

3）系统升级漏洞

目前移动终端操作系统及其中间件（如浏览器）经常暴露漏洞，用户的短消息和通话信息很容易被黑客窃听。因此，及时有效地进行系统升级对于确保移动终端安全有着重大意义。目前，大部分移动终端可以通过连接个人计算机，利用 PC-USB 通道实现在线升级。但是很少有用户知道和使用这样的升级方式，目前对移动终端操作系统直接在线升级的支持不够完善，主要是操作系统的更新文件太大，通过移动终端连接互联网实现下载更新很慢。即使用户了解到可以利用 PC-USB 这个通道进行在线升级，在升级的过程中，也会产生新的安全漏洞，例如，个人计算机上的病毒或者恶意代码会随着传输的文件进入移动终端，然后潜伏在移动终端，执行破坏性程序。系统升级的实质是对某些文件进行修复，在修复的过程中，也会添加新的问题甚至产生新的漏洞。

4）病毒防范缺陷

移动终端的病毒防护是对终端进行实时监控，防止恶意程序对系统和信息造成损害。操作系统本身就存在一定的缺陷和漏洞，除了安装必要的杀毒软件外，对系统进行升级和修复也是防范病毒入侵的有效方法。但是有一些自称安全的杀毒软件实质上也存在各种安全隐患。移动终端的杀毒软件基本上是通过网络渠道下载获得，而较多的下载链接潜伏着破坏性不同的木马程序和代码，用户下载这些伪杀毒软件的同时，就将病毒引入移动终端。此外，在杀毒软件行业存在着不成文的潜规则：正规的杀毒软件使用一些灰色手段，给用户的终端带来越来越多的负担。例如，杀毒软件公司在进行新杀毒软件研发的同时，也会推出一些新的病毒变种，有一些杀毒软件公司甚至参与黑色产业链，与一些非法组织一起研发木马病毒和恶意软件，攻击用户的移动终端。用户在选择防护移动终端的杀毒软件时应尽量选择正规合法的方式，或者期待移动终端的生产厂家将检测过的杀毒软件嵌入终端或操作系统中，可以最大程度地减少病毒方法缺陷和实现对移动终端的安全防护。

## 1.4.2 移动互联网网络安全前景

下一代网络将是数据业务和移动业务充分融合的产物，并在这个融合的基础上日益完善，形成承载网以 IPv6 为演进方向，业务网以 NGN/IMS 为业务平台，提供无处不在的、多元接入方式的、无缝移动的业务。在这个发展趋势下，移动 IPv6 作为网络层切换的优选解决方案，可以有效地保障无缝漫游的业务属性，有望得到规模应用。

整个业界没有任何人否认移动 IPv6 是一项优秀的技术，但能否取得规模应用不只取决于技术自身的优略，还需要 IPv6 网络的部署、IPv6 业务的普及应用以及成熟的业务环境支撑。此外，移动 IPv6 的发展还需要解决好当前业务研究中碰到的技术问题，然后才能提供完备的业务解决方案，这些技术问题包括简捷的业务配置解决方案、可靠的信令安全解决方案、快速平滑的切换解决方案、统一的 AAA 策略解决方案、有效的 QoS 策略解决方案以及动态域名解决方案等。

3G 及 IPv6 作为下一代网络的两项重要技术革新，下一代移动数据业务成为业务发展的焦点，受到了国内设备制造商以及网络运营商的广泛关注。国内设备供给商紧密结合未来的 3G 规划，纷纷加强了对下一代互联网络（next generation Internet，NGI）移动数据业务的研发投入，以期在未来的竞争中获得市场先机。而国内各大运营商则借助中国下一代互联网络（CNGI）项目的推动，迅速建设了较为完备的 IPv6 商用试验网络，为后续开展移动数据业务研究提供了良好的试验平台。此外，信息产业部电信研究院通过长期的技术积累，建立了完备的 CNGI 验证平台，可为业界提供设备、网络以及业务系统的完整性验证服务。期待在整个产业界的合作努力下，移动 IPv6 能够为广大用户提供全新的移动数据业务体验。

## 1.4.3　未来移动互联网应用安全趋势

随着移动互联网的发展，移动互联网应用的安全威胁也在不断升级，网秦安全中心发布的数据如图 1-7 所示。

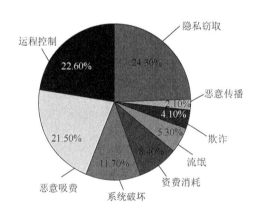

图 1-7　2012 年第一季度 Android 恶意软件威胁特征分类

可以预测，未来移动互联网应用的恶意软件将朝着下面几个方向发展。

（1）恶意软件的功能将持续升级，威胁、危害范围更大。

从图 1-7 可以看出，Android 恶意软件的功能正在持续升级，以恶意吸费软件为例，目前大多数 Android 吸费软件的扣费形式已从过去通过本体配置好的特征与行为进行扣费，升级为通过接受远程服务器指令来灵活配置扣费，这将是一个重要的趋势，未来恶意吸费软件将可能全部通过联网控制，使其具备更强的扩展性。

同时，未来恶意吸费软件在扣费方式上也会有很大改变，如目前已发现有吸费软件可通过灵活配置不同的 SP 计费号段，针对不同地区的收费政策来进行服务配置，从而实施扣费，甚至有选择性地规避一部分敏感度较高的区域，甚至不断通过变换扣费区域来躲避查杀和监管。

而在未来，恶意吸费软件在功能形态上还将进一步增强其伪装性、隐蔽性，如在吸费软件中同时实现对用户身份信息的读取，借以分析用户习惯、使用属性等，借此更有针对性地通过传播信息诱骗用户的话费支出，甚至通过计费同步等手段，掌握用户的话费充值、通话频次，实现仅在话费充足或刚刚拨打电话后进行扣费等，并采用小额多次的扣费方式，使其更加不易被用户察觉。

（2）恶意软件的隐蔽性更强，空前增大分析难度。

除 Android 恶意软件不断变换其特征与行为方式之外，在分析中实际已发现，恶意软件的代码混淆力度正在日益加强，这将空前增大对其的分析难度，如对于早期的部分吸费软件，通过程序类名、变量名能初步判断出其行为，而通过混淆代码后，已无法通过此前预设的一些条件筛选，只能逐个对应每个代码类和函数细节，才能找到其在后台运行的踪迹。

同时，在分析中还发现，目前 Android 恶意软件越来越多地开始引入 PC 病毒的开发技术，如将代码写入系统的底层，而非此前的应用框架层中，且已具备隐藏进程、隐藏文件属性的能力。导致技术人员很难通过信息匹配判断就判定其直接特征，加之黑客同时提高了对恶意代码的加密层级，使得分析难度空前增大。

可以预测，未来恶意软件在技术方面也将有较大的升级，除目前已发现的相关特点之外，恶意软件还可能会越来越多地对手机操作系统进行持久性的破坏，例如，劫持手机的开机项目，使恶意软件可随开机在后台启动；劫持浏览器、应用程序，使其可辅助于恶意软件的行为触发等，让用户更加难以察觉，让安全技术人员更加难以判断。

（3）恶意软件将快速向更多数字终端延伸。

除功能、形态和技术上的升级，伴随着 Android 4.0 等平台的推出，Android操作系统将可支持包括平板计算机、智能电视等更多终端设备，但在为用户提供更多优质服务的同时，随之而来的安全问题也将凸显。

基于 Android 操作系统的平板计算机将面临极多的安全威胁，例如，在支持通话功能的 3G 平板计算机中，吸费软件同样可通过各种扣费方式，以订购业务的方式损耗用户的通话费用，并通过恶意推广消耗用户宝贵的 3G 网络流量等。同时由于恶意应用适配性的增强，手机间谍软件也可运行在平板计算机之中，直接窥探用户保存在设备中的隐私信息。

而日益普及的智能电视，由于同样采用了更为开放的机制，也将面临较多的安全隐患，如通过恶意软件可盗取用户的点播习惯、购买习惯等，使用户沦为信息买卖的对象，利用可同样联网的智能电视构建新的僵尸网络，用以群发垃圾邮件，肆意散播欺诈信息等，同时还可劫持智能电视中的摄像头等设备，通过对其恶意操控，直接威胁到用户的室内安全。

## 参 考 文 献

蔡卫红. 2013. 移动终端原理与实践. 北京: 北京邮电大学出版社.

陈震. 2014. 互联网安全原理与实践. 北京: 清华大学出版社.

官建文. 2013. 移动互联网蓝皮书: 中国移动互联网发展报告(2013). 北京: 社会科学文献出版社.

卡德里奇. 2009. 终端安全. 伍前红, 译. 北京: 电子工业出版社.

李小平. 2012. 终端安全风险管理. 北京: 机械工业出版社.

时瑞鹏. 2014. 网络技术及应用. 北京: 清华大学出版社.

宋俊德, 战晓苏. 2007. 移动终端与 3G 手机. 北京: 国防工业出版社.

王梓. 2012. 移动互联网之智能终端安全揭秘. 北京: 电子工业出版社.

危光辉, 罗文. 2014. 移动互联网概论. 北京: 机械工业出版社.

周付安, 刘咏梅. 2011. 电子商务终端安全. 北京: 经济科学出版社.

# 第 2 章　移动互联网安全基础

　　网络作为一个开放的平台，其安全性历来是人们关注的焦点，移动互联网的发展更加提升了网络安全的需求，保障移动互联网的安全将促进移动互联网技术的繁荣发展。而密码技术是网络信息安全技术的内核和基石，其技巧和方法自始至终都深刻影响着整个网络信息安全技术的发展和突破。本章介绍移动互联网安全涉及的一些密码学基础知识，以为更好地深入理解网络信息安全奠定基础。同时介绍一些保障网络安全的认证理论和技术，最后介绍在实际应用中实现移动互联网安全的 IPSec 技术和 AAA 技术。

## 2.1　网络安全通信模型

　　1949 年，香农（Shannon）发表了《保密系统的通信理论》，该论文用信息论的观点对信息保密问题进行了全面阐述，使得信息论成为密码学的一个重要理论基础，同时也宣告了现代密码学保障信息安全时代的到来。网络是一个开放的平台，其传输信道是非常不安全的。在不安全的信道上实现信息安全的通信传输是现代密码学研究的一个基本问题。消息发送者对需要传送的消息首先进行数学变换处理，然后可以在不安全的信道上进行传送。消息合法接收者在接收端通过相应的数学变换处理后，就可以得到消息的正确内容。而信道上的消息截获者，虽然可能截获到数学变换后的消息，但无法得到消息本身的内容，这就是最基本的网络安全通信模型。其中，消息发送者对消息进行的数学变换过程称为加密过程，而消息合法接收者接收到消息后进行相应数学变换的过程称为解密过程。需要传送的原始消息称为明文，而经过加密处理后的消息称为密文。在信道上非法截获消息的截获者通常被称为攻击者。图 2-1 就是一个最基本的网络安全通信模型。

图 2-1　网络安全通信模型

加密密钥和解密密钥是成对使用的。一般情况下，在密码体制的具体实现过程中，加密密钥与解密密钥是一一对应的。根据密码体制加密密钥和解密密钥的不同情况，密码体制可以分为对称密码体制和非对称密码体制。对称密码体制的加/解密密钥可以很容易地相互得到，更多情况下两者甚至完全相同。在实际应用中，发送方必须通过一个尽可能安全的信道将密钥发送给接收方。在非对称密码体制中，由加密密钥得到解密密钥是很困难的，所以在实际应用中接收方可以将加密密钥公开，任何人都可以使用该密钥加密信息，而只有拥有解密密钥的接收者才能解密信息。其中，公开的加密密钥称为公钥，私有的解密密钥称为私钥。因此，非对称密码体制也称为公钥密码体制。

## 2.2　密码学理论与技术

密码学是网络信息安全的基石，是网络信息安全的核心技术，也是网络信息安全的基础性技术。密码技术是实现加密、解密、数据完整性、认证交换、密码存储与校验等的基础，借助密码技术可以实现信息的保密性、完整性和认证服务。当前，网络信息安全的主流技术和理论都是基于以算法复杂性理论为基础的现代密码技术。了解网络信息安全相关的一些密码学理论与技术是正确理解和应用网络信息安全技术必须具备的知识。

### 2.2.1　古典密码体制

密码学源于古老的影写术，即将真正的消息隐藏在表面毫不相干的消息中。读者容易理解这本质上是一种一一对应的数学变换，不过现在这种变换是由计算机实现而非靠手工计算完成，后来就将这种变换称为密码算法。大多数好的密码算法是置换和替代的元素组合。

置换密码是指按照某一规则重新排列信息中的位或者字符的顺序，其特点是明文和密文的长度相同。

替代密码是指用另外一些符号代替明文的一些符号，如用单字母替代的方法进行加密的凯撒密码，它的每一个明文字符都是由其右边的第三个字符替代。

古典密码技术比较简单，且大多数都是采用手工或机械操作来对明文进行加密和解密。在科技迅速发展的今天，虽然这些密码技术中的大部分已经没有什么安全性可言了，但是其设计思想对于理解、设计和分析现代密码学是非常有帮助的。

### 2.2.2　对称密码体制

对称密码算法的显著特点是加/解密消息使用相同的密钥，运算速度快，占用内存小，主要提供数据加密和完整性校验，但是密钥交换需要机密性通道，其中分组密码是一种广泛使用的对称密码。例如，将明文分为 $m$ 块，即 $P0$，$P1$，$P2$，$\cdots$，$P(m-1)$，每个块在密钥作用下执行相同的变换，生成 $m$ 个密文块，即 $C0$，$C1$，$C2$，$\cdots$，$C(m-1)$，每块的大小可以是任意长度，但是通常每块的大小是 64 的整数倍。

20 世纪 40 年代末，香农在遵循 Kerckhoff 原则的前提下，提出了设计密码系统的两种基本方法——扩散和混淆，目的是抗击攻击者对密码系统的统计分析。

扩散：将明文的统计特性散布到密文中，实现方式是使得明文的每一位影响密文中的多位的值，等价于密文中的每一位均受明文中多位的影响。在分组密码中，对数据重复执行某个置换，再将这一置换作用于一个函数，就可以获得扩散。

混淆：使密文和密钥之间的统计关系变得尽可能复杂，进而使得攻击者无法得到密文和密钥之间的统计，从而攻击者无法得到密钥。

扩散和混淆是分组密码中最本质的操作，是现代分组密码的基础。常见的对称密码算法有 AES、DES、RC6 和 3DES 等。和 DES、3DES 算法相比，AES 算法不仅安全性更好，而且加/解密速度更快，十分适合现代需求，况且能够使用的密钥范围很广。下面主要介绍具有代表性的 AES 算法。

密码学中的高级加密标准 AES，又称为 Rijndael 加密算法，是美国联邦政府采用的一种分组加密标准。AES 限定了明文分组大小为 128bit，而密钥长度可以为 128bit、192bit 和 256bit，因而实际上 AES 有三个版本，即 AES-128、AES-192 和 AES-256，相应的迭代轮数分别为 10 轮、12 轮和 14 轮。实际上 AES 算法是 Rijndael 算法的子集，但是在实际应用中，术语 AES 和 Rijndael 被视为等价，可以交替使用。

AES 算法加密和解密过程都是一个周期迭代的过程，迭代次数由分组长度和密钥长度决定。每一次变换产生的中间数据块叫做状态（state），状态可表示为两位字节数组，它有 4 行 Nb 列，且 Nb=数据块长/32。密钥也可类似地表示为二维数组，它有 4 行 Nk 列，且 Nk=密钥长度/32。迭代的次数 Nr 由 Nb 和 Nk 共同决定。例如，AES-128 算法的分组长度和密钥长度都为 128 位，其迭代次数是 10，即 Nb=4，Nk=4，Nr=10。

AES 加密的迭代过程如图 2-2 所示，每一轮的结构分为四个变换，分别是轮密钥加变换（AddRoundKey）、字节替代变换（SubByte）、行移位变换（ShiftRow）和列混合变换（MixColumn）。其作用就是通过重复简单的非线性变换和混合函数变换，将字节替代运算产生非线性扩散，达到充分混合的目的，而且每次迭代所需要的密钥也不同，从而实现加密的有效性。

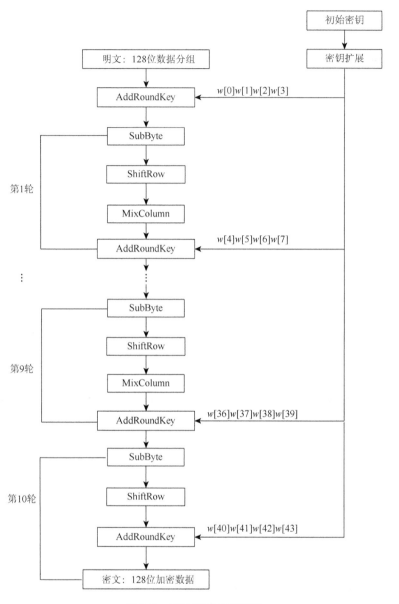

图 2-2 AES 算法加密流程

AES 解密过程和加密过程非常相似，如图 2-3 所示，也是一个 10 轮的迭代运算。其每一轮的变换为加密过程的逆变换，分别是轮密钥加变换、逆字节替代变换（InSubByte）、逆行移位变换（InShiftRow）和逆列混合变换（InMixColumn）。

AES 算法定义了密钥扩展过程，该过程也是一个迭代过程，通过 10 个周期产生 10 个不同的密钥供加解密使用。密钥的扩展是指由初始密钥导出扩展密钥。

密钥也可以采用和状态一样的表示方法，即采用一个矩阵的方式，行也为 4 行，列数用 Nk 表示，Nk=密钥长度/32。AES 算法将初始加密密钥按照密钥扩展规则产生密钥表。密钥扩展产生 4 行 Nb (Nr+1) 列的扩展密钥数组，一个为初始密钥，加密轮数为 Nr，每轮需要 Nb 列。

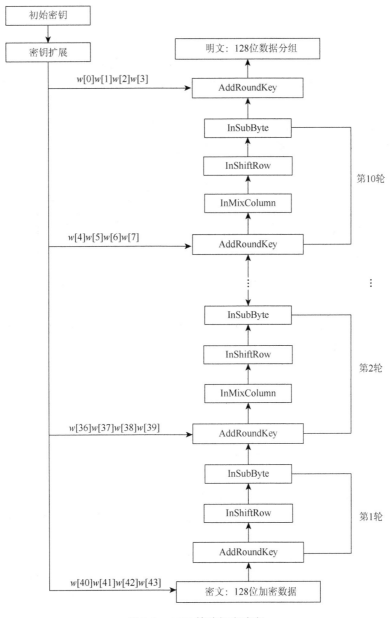

图 2-3　AES 算法解密流程

AES 密钥扩展算法的输入是 4 个字（每个字 32 位，共 128 位）。输入密钥直接被复制到扩展密钥数组的前 4 个字中，得到 $w[0]$，$w[1]$，$w[2]$，$w[3]$；然后每次用 4 个字填充扩展密钥数组余下的部分。在扩展密钥数组中，$w[i]$ 的值依赖于 $w[i-1]$ 和 $w[i-4]$（$i \geqslant 4$）。

对 $w$ 数组中下标不为 4 的倍数的元素，只是简单地进行异或操作，其逻辑关系为

$$w[i]=w[i-1] \oplus w[i-4]（i \text{ 不为 } 4 \text{ 的倍数}）$$

对于 $w$ 数组中下标为 4 的倍数的元素，采用如下计算方法。

ShiftRow()：将前一个字的 4 字节循环左移 1 字节，即将字（$b0$，$b1$，$b2$，$b3$）变为（$b1$，$b2$，$b3$，$b0$）。

SubByte()：基于 $S$ 盒对输入字中的每个字节进行 $S$ 替代。

将替代的结果再与轮常量 Rcon[$i$]（表 2-1）相异或。

表 2-1　轮常量 Rcon[$i$]

| $i$ | 1 | 2 | 3 | 4 | 5 |
|---|---|---|---|---|---|
| Rcon[$i$] | 01000000 | 02000000 | 04000000 | 08000000 | 10000000 |
| $i$ | 6 | 7 | 8 | 9 | 10 |
| Rcon[$i$] | 20000000 | 40000000 | 80000000 | 16000000 | 32000000 |

将以上异或的结果再与 $w[i-4]$ 异或，即 $w[i]=$SubByte (ShiftRow($w[i-1]$)) $\oplus$ Rcon[$i/4$] $\oplus w[i-4]$（$i$ 为 4 的倍数）。

## 2.2.3　序列密码体制

序列密码是起源于 20 世纪 20 年代的 Vernam 密码体制，当 Vernam 密码体制中的密钥序列是随机的 0、1 序列时，就成了所谓的"一次一密"密码体制。香农已经证明"一次一密"密码体制在理论上是不可破译的。在序列密码体制中，加密和解密密钥都是伪随机序列，而当前伪随机序列的产生比较容易且有比较成熟的数学理论工具。序列密码又称为流密码，它将明文消息字符串逐位地加密成密文字符。

序列密码算法最简单的应用如图 2-4 所示。密钥流发生器输出一系列比特流 $K1$，$K2$，$K3$，…，$Ki$。密钥流跟明文比特流 $P1$，$P2$，$P3$，…，$Pi$ 进行异或运算产生密文比特流，即

$$Ci=Pi \oplus Ki$$

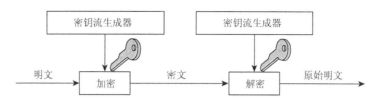

图 2-4　流密码原理框图

在解密端，密文流与完全相同的密钥流进行异或运算恢复出明文流，即

$$Pi=Ci \oplus Ki$$

由于 $Pi \oplus Ki \oplus Ki=Pi$，所以该方式是正确的。

比较常用的序列密码是 A5、SEAL 和 RC4 序列密码算法，A5 是典型的基于线性反馈移位寄存器（LFSR）的序列密码算法，SEAL 和 RC4 不是基于 LFSR 的序列密码算法，而是基于分组密码的输出反馈模式（OFB）和密码反馈模式（CFB）来实现的。下面主要介绍 RC4 算法。

RC4 算法是美国 RSA 数据安全公司 1987 年设计的一种序列密码算法，广泛应用于 SSL/TLS 标准等商业密码产品中，是目前所知应用最广泛的对称序列密码算法。该算法以 OFB 方式工作，密钥流与明文相互独立。RSA 数据安全公司将其收集在加密工具软件 BSAFE 中。最初并没有公布 RC4 的算法，人们通过软件进行逆向分析得到了该算法，在这种情况下，RSA 数据安全公司于 1997 年公布了 RC4 密码算法。

RC4 是以随机置换为基础，基于非线性数据表变换的序列密码，面向字节操作。它以一个足够大的数据表为基础，对表进行非线性变换，产生非线性的密钥序列。

RC4 使用了 256 字节的 S 表和两个指针（I 和 J），算法步骤如下。

1）初始化 S 表

（1）对 S 表进行填充，即令

$$S[0]=0，S[1]=1，S[2]=2，\cdots，S[255]=255$$

（2）用密钥 k（k[0]，k[1]，$\cdots$，k[len(k)–1]）填充一个 256 字节的 R 表，若密钥的长度小于 R 表的长度，则依次重复填充，直至将 R 表填满 R[i]=k[i(mod len(k))]；

① J=0；

② 对于 I=0～255，重复执行操作 J=(J+S[I]+R[I]) (mod 256)；交换 S[I] 和 S[J]。

2）生成密钥序列

RC4 的下一状态函数定义如下。

（1）I=0，J=0。

（2）$I=(I+1)\ (\mathrm{mod}\ 256)$。

（3）$J=(J+S[I])\ (\mathrm{mod}\ 256)$。

（4）交换 $S[I]$ 和 $S[J]$。

RC4 的输出函数定义如下。

（1）$h=(S[I]+S[J])\ (\mathrm{mod}\ 256)$。

（2）$z=S[h]$。

RC4 算法的优点是算法简单、高效，特别适合软件实现。

## 2.2.4　非对称密码体制

在非对称密码体制产生之前，如何进行对称密码体制的密钥安全分发，一直困扰着密码学家。假设一个公司包含 $N$ 个距离较远的机构，各个分支机构之间能相互进行秘密通信，它们每个月要更换一次相互通信用的加密密钥，容易计算，每次更换密钥的数量是 $N(N–1)/2$。当 $N$ 较大时，如 $N=50$，这件事情完成起来就代价不菲，以至于密钥分发成了第二次世界大战后密码学家要解决的最重要的问题，对这个问题的研究导致了非对称密码体制的产生。

1976 年，Diffie 和 Hellman 发表了非对称密码的奠基性论文《密码学的新方向》，建立了公钥密码的概念，引起了广泛关注。随后，密码学家很快构造出了满足条件的非对称密码体制，其中最著名的是麻省理工学院的 Rivest、Shamir 和 Adleman 提出的 RSA 算法。RSA 算法经过深入的研究和广泛的使用，一直到现在其计算都被认为是安全的。

假设有一种锁，在没有锁上的情况下，任何人都可以轻松锁上。但是锁上后，只有有该锁钥匙的人才可以打开该锁。假设 Alice 把她的这种锁放到邮局，则任何想与她通信的人都可以把消息放到一个箱子里，然后用该锁锁上箱子寄给 Alice。由于只有 Alice 有开锁的钥匙，故只有 Alice 能打开箱子。正是基于这种思想，密码学家设计出了非对称密码体制，它克服了对称密码算法的缺陷，能通过公开的信道进行密钥交换。非对称密码体制模型如图 2-5 所示。

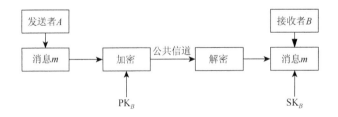

图 2-5　非对称密码体制模型

由图 2-5 可知，利用非对称密码体制进行保密通信的过程可描述如下。

（1）主体 $B$ 若需要其他主体利用非对称密码体制向他发送秘密消息，则先要生成一对密钥，其中一个用于加密，另一个用于解密。用于加密的密钥在非对称密码体制中称为公钥，是不需要保密的。$B$ 的公开密钥通常表示为 $\mathrm{PK}_B$（public key of B）。用于解密的密钥称为私钥，需要解密严格保密。$B$ 的私钥通常表示为 $\mathrm{SK}_B$（secret key of B）。在知道密码算法和公钥的情况下，要得到私钥在计算上是不可行的。

（2）$A$ 若要向 $B$ 发送秘密消息 $m$，则先要获取 $B$ 的公钥，计算 $C=E_{\mathrm{PK}_B}(m)$，得到消息 $m$ 对应的密文 $C$，然后把 $C$ 发送给 $B$。其中 $C$ 表示加密消息得到的密文，$E$ 表示对消息进行加密的算法。$E_{\mathrm{PK}_B}(m)$ 表示用加密算法 $E$ 和公钥 $\mathrm{PK}_B$ 对消息 $m$ 进行加密。

（3）$B$ 在接收到密文 $C$ 后，计算 $m=E_{\mathrm{SK}_B}(C)$，得到密文 $C$ 对应的消息 $m$。$E_{\mathrm{SK}_B}(C)$ 表示用解密算法和解密密钥 $\mathrm{SK}_B$ 对密文进行解密。

由于只有接收者 $B$ 有解密密钥，故密文 $C$ 在公共信道的传输过程中是安全的。如果这个模型能够得以实现，假设传递的消息就是通信双方将要在对称密码体制中使用的密钥，则前面提到的密钥传递就容易被解决了。

经过三十多年的研究和应用，非对称密码体制的研究取得了很大的进展，主要分成如下几类。

（1）基于大数分解难题的，包括 RSA 密码体制、Rabin 密码等。

（2）基于离散对数难题的，如 ElGamal 密码，有限域上的离散对数问题的难度和大整数因子分解问题的难度相当。

（3）基于椭圆曲线离散对数的密码体制。

RSA 算法描述如下。

1）密钥的产生

（1）选择两个满足需要的大素数 $p$ 和 $q$，计算 $n=pq$，$\varphi(n)=(p-1)\times(q-1)$，其中 $\varphi(n)$ 是 $n$ 的欧拉函数值。

（2）选择一个整数 $e$，满足 $1<e<\varphi(n)$，且 $\gcd(\varphi(n),e)=1$。

（3）通过 $d\times e\equiv 1(\mathrm{mod}\ \varphi(n))$ 计算出 $d$。

（4）以 $\{e,n\}$ 为公钥，$\{d,n\}$ 为私钥。

只有接收方知道私钥 $\{d,n\}$，所有人都可以知道公钥 $\{e,n\}$。

2）加密

如果发送方想发送需要保密的消息 $m$ 给接收方，发送方就可以选择接收方的公钥 $\{e,n\}$，然后计算 $C\equiv m^e(\mathrm{mod}\ n)$，最后把密文 $C$ 发送给接收方。

3）解密

接收方收到密文 $C$，根据自己掌握的私钥计算 $m\equiv C^d(\mathrm{mod}\ n)$，所得结果 $m$

即为发送方欲发送的消息。

# 2.3　认证理论与技术

认证往往是许多应用系统中安全保护的第一道防线，也是防止主动攻击的重要技术，在现代网络安全中起着非常重要的作用。认证又称为鉴别，就是确认网络实体身份的过程而产生的解决方法，其主要目的是确保网络实体的真实性和完整性。常用的认证理论与技术主要包括散列算法、数字信封、数字签名、Kerberos认证和数字证书等。以认证技术为核心在网络上传输信息可以确保网上传递信息的保密性、完整性以及交易实体身份的真实性和签名信息的不可否认性，从而保证网络应用的安全性。

## 2.3.1　散列算法

散列算法也称为散列函数、Hash 函数或者杂凑函数，也是构成许多信息安全系统的基本元素。一个散列函数通常记为 $H$，用于将任意长度的消息 $M$ 映射成一个固定长度的值，称为 Hash 值，记为 $H(M)$。从密码学角度看，散列函数实现从明文到密文的不可逆映射，不能解密。改变明文消息中任何一个比特都会使散列值发生改变。在密码学和数据安全技术中，散列函数是实现有效、安全可靠数字签名和认证的重要工具，是安全认证协议中的重要模块。

散列函数的一般模型如图 2-6 所示。

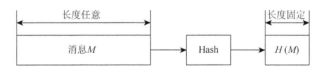

图 2-6　散列函数的一般模型

任意长度的消息 $M$ 输入散列函数后，输出固定长度的散列值 $H(M)$，而且这个过程是不可逆转的，这就是散列函数的显著特点。

1979 年，Merkle 基于数据压缩函数 $f$ 构建了一个散列函数的基本结构，如图 2-7 所示。这是一种迭代结构的散列函数，后来广泛使用的 MD 系列和 SHA 系列散列函数都使用了该结构。

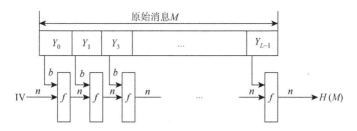

图 2-7　散列函数的基本结构

在散列函数的基本结构中，原始消息 $M$ 分为 $L$ 个固定长度的比特分组，依次作为散列函数的输入。在实际应用中，若原始消息数据块不满足输入比特分组长度的要求，则在最后一个比特分组中按照一定的规则进行比特插入。该散列函数重复使用一个压缩函数。压缩函数有两个输入值，一个是前一阶段的输出 $n$，另一个是原始消息的 $b$bit 分组，最后产生一个 $n$bit 的输出。算法开始时需要一个 $n$ 比特的初始矢量 IV。由于通常 $b>n$，因此称 $f$ 为压缩函数。在实际应用中，散列函数可使用不同的压缩函数 $f$ 提高算法的安全性。

目前在信息安全中常用的散列函数有两大系列：MD（message digest）系列和 SHA（security Hash algorithm）系列。MD 系列由国际著名密码学家图灵奖获得者兼 RSA 算法的创始人 Rivest 设计，其中 MD5 散列算法的散列值为 128 位。MD5 散列算法能够接收任意长度的消息作为输入，总共分两组输入：512bit 明文分组与上一轮 128bit 的输出分组（或者初始矢量 IV）。其中输入的 128bit 分别存储在四个缓存块中，每个分块执行四个步骤，每个步骤计算 16 次，合计 64 轮次。SHA 系列是由美国国家标准技术研究所（NIST）和美国国家安全局（NSA）在 MD5 基础上提出的，其中 SHA1 散列算法的散列值为 160 位。现在，在数字签名标准中广泛使用 SHA1 散列算法。SHA1 在算法设计中很大程度上模仿了 MD4 算法，接收输入消息的最大长度必须小于 264bit，生成 160bit 的消息摘要。与 MD5 算法相似，SHA1 算法将原始明文消息划分为 512bit 的分组作为操作处理单元，其操作包含四轮运算，每一轮 20 个回合，总共 80 个回合。

### 2.3.2　数字信封

数字信封是非对称公钥密码体制在实际中的一个应用，是使用加密技术来保证只有规定的接收方才能阅读通信的内容。在数字信封中，信息发送方采用对称密钥来加密信息明文内容，然后将此对称密钥用接收方的公钥来加密之后，将它和加密后的密文信息一起发送给接收方，接收方先用相应的私钥打开数字信封，得到对称密钥，然后使用对称密钥解开加密的密文信息。其中被公钥加密后的对称密钥就称为数字信封，这种技术的安全性相当高。数字信封主要包括数字信封打包和数字信封拆解，数字信封打包是指发送方使用接收方的公钥将加密信息的对称密钥进行加密的过程，只有接收方的私钥才能将加密后的对称密钥还原。数字信封拆解是指接收方使用自己的私钥将加密过的对称密钥进行解密的过程。如图 2-8 所示，采用 DES 算法加密明文，RSA 公钥加密 DES 对称密钥。

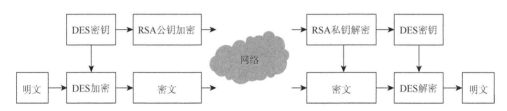

图 2-8 数字信封原理图

在一些重要的电子商务交易中，密钥必须经常更换，为了解决每次更换密钥的问题，数字信封结合对称加密技术和公钥加密技术的优点，克服了对称加密技术中对称密钥分发困难和公钥加密技术中信息加密时间长的问题，使用两个层次的加密来获得公钥加密技术的灵活性和对称加密技术的高效性。信息发送方使用接收方的公钥对信息进行加密，从而保证只有规定的接收方才能阅读信息的内容。采用数字信封技术后，即使加密信息被他人非法截获，因为截获者无法得到接收方的私钥，故不可能对信息进行解密，也就不能获得明文信息。

### 2.3.3 数字签名

数字签名的出现是信息安全发展的必然。数字签名是实现认证的重要工具，其概念是由 Diffie 和 Hellman 于 1976 年提出的，目的是通过签名者对电子文件进行电子签名，使签名者无法否认自己的签名，同时别人也不能伪造，实现与手写签名相同的功能，具有与手写签名相同的法律效力。数字签名是在密码学理论的基础上发展起来的，基于公钥密码体制可以获得数字签名。基于公钥密码体制的数字签名一般都选择私钥签名、公钥验证的模式，其主要功能是保证信息传输的完整性、发送者的身份认证和防止交易中抵赖行为的发生。数字签名原理如图 2-9 所示。

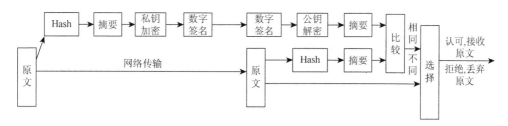

图 2-9　数字签名原理图

　　信息的发送方首先将信息通过 Hash 算法生成一个散列值（即图中的摘要），然后用自己的私钥对这个摘要进行加密来形成自己的数字签名，最后将数字签名和原文信息一起通过网络传输到接收方。信息的接收方一方面将接收的信息通过同样的 Hash 算法计算出摘要 1，另一方面用发送方的公钥对数字签名信息进行解密得到摘要 2，然后比较两个摘要是否一致来决定是否接收原文信息。若比较发现两个摘要是相同的，接收方就最终认可接收原文信息，否则拒绝并丢弃原文信息。

　　目前，数字签名主要采用的是公钥密码算法，其中比较典型的有两个：RSA 签名算法和 ElGamal 签名算法。RSA 签名算法提出的时间比较早，其建立的基础同 RSA 加密算法一样，两者都是基于大数分解难题。1985 年 ElGamal 签名算法方案被提出，该方案的变形已经被美国国家标准技术研究所采纳为数字签名算法（digital signature algorithm，DSA），用于数字签名标准（digital signature standard，DSS）中。DSA 的安全性建立在求解离散对数困难的基础上，并使用了安全散列算法 SHA，其安全性与 RSA 算法安全性基本相当。

## 2.3.4　Kerberos 认证

　　在用户所进行的操作和所传送的数据相当敏感的网络环境中，能否准确地认证用户身份是非常重要的。而 Kerberos 身份认证协议是目前比较完美的解决方案之一。Kerberos 身份认证协议是 20 世纪 80 年代美国麻省理工学院（MIT）开发的一种协议，其名称源于希腊神话中有三颗头的狗——地狱之门守护者。它的设计目标是通过密钥系统为客户机/服务器应用程序提供强大的认证服务。该认证过程的实现不依赖于主机操作系统的认证，无须基于主机地址的信任，不要求网络上所有主机的物理安全，并假定网络上传送的数据包可以被任意地读取、修改和插入数据。在以上情况下，Kerberos 作为一种可信任的第三方认证服务，是通过传统的密码技术（如共享密钥）执行认证服务的。

　　在实际应用中，Kerberos 就是基于对称密码技术、在网络上实施认证的一种服务协议，它允许一台工作站通过交换加密信息在非安全网络上与另一台工作站相互证明身份，一旦试图登录上网的用户身份得到验证，Kerberos 协议就会给这两台工作站提供密钥，并通过使用密钥和加密算法为用户间的通信加密，以保证通信的安全。Kerberos 身份认证协议的具体实现包括一个运行在网络上某个物理安全节点处的密钥分配中心（key distribute center，KDC）以及一个可供调用的函数库。各个需要认证用户身份的分布式应用程序调用这个函数库，根据 KDC 的第三方服务来验证需要建立连接计算机间相互的身份并产生密钥，以保证计算机间的安全连接。Kerberos V5 协议认证过程如图 2-10 所示。

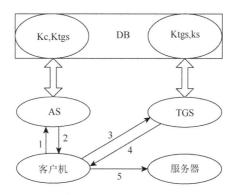

图 2-10　Kerberos V5 协议认证过程

1）客户机→AS：{c, tgs, n1}

客户机向认证服务器 AS 申请票据 TGT（Tc，tgs），其向 AS 发送的消息主要有自己的名字 c、所申请服务方的名字 tgs 以及一个随机数 n1。

2）AS→客户机：{Kc, tgs, n1}Kc，{Tc, tgs}Ktgs

AS 收到客户机发来的消息后，知道客户机要申请 TGT。然后，AS 在数据库中检查客户机名字 c 确实存在后，就产生能够证明客户机身份的 Tc、tgs 和随机会话密钥 Kc、Ktgs 给客户机。AS 用 c 的密钥加密 Kc、tgs 和 n1，以及用票据认可服务器 TGS 的密钥 Ktgs 加密 Tc、tgs 后发回给客户机。这样，AS 就向客户机证明了自己就是 AS，从而防止第三方对客户机的欺骗。这种方式在密码协议中是经常使用的。

3）客户机→TGS：{Ac}Kc，tgs，{Tc, tgs}Ktgs，s，n2

客户机在收到 AS 发回的消息后，首先用自己的密钥 Kc 解密{Kc，tgs，n1}Kc而获得 Kc、tgs 和 n1。然后，客户机将这个 n1 和自己先前发出给 AS 的 n1 相比较。如果发现不同，则说明有错。如果比较发现相同，则客户机将 Kc、tgs 和{Tc，tgs}Ktgs 保存。接下来客户机自己产生一个认证票据 Ac，并用 Kc、tgs 加密它后与{Tc，tgs}Ktgs、服务器的名字 s 和随机数 n2 一起发送给 TGS。

4）TGS→客户机：{Kc，s，n2}Kc，tgs，{Tc，s}Ks

TGS 收到客户机发来的消息后，首先用自己的密钥 Ktgs 解密{Tc，tgs}Ktgs 得到 Tc、tgs，进一步可以从 Tc、tgs 中得到 Kc、tgs。然后，TGS 便可以用 Kc、tgs 解密出 Ac。这样，TGS 便相信客户机知道 Kc、tgs，又因为 Kc、tgs 在客户机上只能用 Kc 解密得到，即客户机知道 Kc，那么 TGS 也相信客户机的身份确实是票据中所称的 c。在确认客户机的身份后，TGS 便产生随机的会话密钥 Kc、s 和票据 Tc、s。最后，TGS 从数据库中取出 s 的密钥 Ks 加密 Tc、s 后与用 Kc、tgs 加密的 Kc、s、n2 一起发回给客户机。

5）客户机→服务器：{Ac}Kc，s，{Tc，s}Ks

客户机在收到 TGS 发回的消息后，首先用自己先前保存的密钥 Kc、tgs 解密 {Kc，s，n2}Kc、tgs 而获得 Kc、s 和 n2。然后，客户机将这个 n2 和自己先前发出给 TGS 的 n2 相比较。如果发现不同，则说明有错。如果比较发现相同，则客户机将 Kc、s 和{Tc，s}Ks 保存下来。最后，客户机用 Kc、s 加密 Ac 后与{Tc，s}Ks 一起发送给服务器。服务器收到客户机发送过来的消息后就可以用自己的密钥 Ks 解密{Tc，s}Ks 得到 Tc、s，进一步又可以从 Tc、s 中得到 Kc、s。然后，服务器便可以用 Kc、s 解密出 Ac。这样，服务器便可以辨别客户机身份的真伪。如果客户机需要服务器向它证明身份，那么服务器便可以将 Ac 用 Kc、s 加密并返回给客户机，以证明自己就是服务器。在以后的通信中，双方就可以用 Kc、s 或者 Kc、s 协商的新会话密钥来加密通信数据，以保证通信数据安全。

Kerberos 身份认证协议的主要优点是利用相对便宜的技术提供较好的保护水平，因此它得到了广泛的应用。目前存在一些用公钥密码体制来加强 Kerberos 身份认证协议的方法，但由于公钥密码体制的计算速度比对称体制慢很多，这些方法会增加 Kerberos 系统运行的代价，然而更高的安全要求必然要付出更高的代价。

## 2.3.5　数字证书

基于 Internet 的电子商务使在网上购物的顾客能够极其方便轻松地获得商家和企业的信息，但同时也增加了对某些敏感或有价值的数据被滥用的风险。买方和卖方都必须确信在 Internet 上进行的一切金融交易运作都是真实可靠的，因而 Internet 电子商务系统必须保证具有十分可靠的安全保密技术。也就是说，必须保证网络安全的四大要素，即信息传输的保密性、数据交换的完整性、发送信息的不可否认性、交易者身份的确定性。而公钥密码技术非常适合承担 Internet 电子商务系统相关安全的重任。但是公钥密码技术本身无法确认对方公钥的身份，因为在网络上得到的公钥可能是被别人冒名顶替的。数字证书的出现很好地解决了这个问题，它是一种非常有效的方法。

数字证书是由权威公正的认证中心发放并经认证中心签名的，包含公钥拥有者及其公钥相关信息的一种电子文件，可以用来证明数字证书持有者的身份，证书中的用户公钥信息可以用于用户数据的加密传输以及用户签名的验证工作。由于数字证书有颁发机构的签名，保证了证书在传递、存储过程中不会被篡改，即使被篡改了也会被发现。因此，数字证书本质上是一种由颁发者数字签名的用于绑定持有者身份和其公钥的电子文件。

目前，以数字证书为核心的加密技术可以对网络上传输的信息进行加密和解密、数字签名和身份认证，确保网上传递信息的保密性、完整性以及交易实体身份的真实性和签名信息的不可否认性，从而保证网络应用的安全。数字证书采用公钥密码技术，即利用一对互相匹配的密钥进行加/解密。每个用户拥有一把仅为自己所掌握的私钥，用它进行签名和解密。而用户的另一把公钥可以对外公开，用于加密和认证签名。

一般来说，数字证书的内容主要包括证书持有者的身份信息、证书持有者的公钥、证书颁发机构的签名和证书的有效期等信息。目前，被广泛使用的数字证书标准 X.509 是由国际电信联盟（ITU）制定的数字证书标准，它定义了一个开放的框架，并在一定的范围内可以进行扩展。一份 X.509 证书是一些标准字段的集合，这些字段包含有关用户或设备身份及其公钥等信息。X.509 证书格式包括证书内容、签名算法和使用签名算法对证书内容所作的签名三部分。证书的管理一般应通过目录服务来实现。X.509 证书具体内容主要有版本、序列号、签名算法标识、签发者、有效期、主体名、主体公钥信息、认证中心数字签名和扩展域等，如图 2-11 所示。

| 版本 |
| --- |
| 序列号 |
| 签名算法标识 |
| 签发者 |
| 有效期 |
| 主体名 |
| 主体公钥信息 |
| 签发者唯一标识 |
| 主体唯一标识 |
| 扩展域 |
| 认证中心数字签名 |

图 2-11　X.509 版本 3 的证书结构

# 2.4　IPSec 技术

用户通信数据的加密是保证移动互联网安全的重要技术之一。对于用户通信数据的加密来说，可以使用 IPSec 来保护。IPSec 是为了在 IP 层提供通信数据安全而制定的一个协议簇，包含安全协议和密钥协商两部分，安全协议部分定义了通信数据的安全保护机制，而密钥协商部分定义了如何为安全协议协商参数以及如何对通信实体的身份进行认证。其中安全协议部分包括 AH 和 ESP 两种通信保护机制，密钥协商部分使用 IKE 实现安全协议的自动安全参数协商。

## 2.4.1　IPSec 技术概述

1995 年，IETF 开始着手研究和制定用于保护 IP 网络层的安全协议 IPSec。1998 年 11 月，IETF IP 安全协议工作组在 RFC2401 中给出了 IP 层安全框架的定义。IPSec 已经成为 Internet 网络层的安全技术标准。其实，IPSec 就是一系列基于的 IP 网络的开放性 IP 安全标准，它有两个基本目标：①保护 IP 数据包的安全；②为抵御网络攻击提供防护措施。针对 IP 数据包本身并无任何安全特性，很容易被伪造、篡改以及窃取等问题，IPSec 提供了有效保护 IP 数据包安全的措施，它采用的具体保护形式包括数据源地址验证、无连接数据完整性验证、数据内容保密性、抗重播性和数据流保密保证等。简而言之，IPSec 提供两大服务：鉴别与保密。每个服务要求有不同的扩展头来支持，因此，IPSec 定义了两个扩展头：一个用于鉴别，另一个用于保密。实际上，IPSec 就是包括两大协议来实现两个扩展头功能的，如图 2-12 所示。

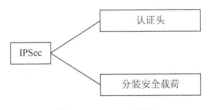

图 2-12　IPSec 协议

认证头（authentication header，AH）协议提供数据源地址鉴别、保证数据完整性和可选的数据包抗重放攻击服务。AH 是 IP 分组中的头，包含分组内容的加密校验和。封装安全载荷（encapsulating security payload，ESP）协议除具有 AH

的所有能力之外，还可以选择提供数据保密性。ESP 处理还包括把保密的数据变换成不可读的密文形式。在正常情况下，ESP 先处理加密后处理鉴别。因此，ESP 既要实现数据加密，又要实现数据验证。

## 2.4.2　IPSec 工作原理

IPSec 是基于加密的 IP 网络安全技术。IPSec 工作和部署在主机、路由器、网关和防火墙等设备上。用户可以根据自己的需要制定安全策略库、加密算法和密钥设置。IPSec 是一个协议簇，主要包括安全协议 AH、ESP、IKE 和 DOI 等几部分。IPSec 框架各个组成部分及其联系如图 2-13 所示。

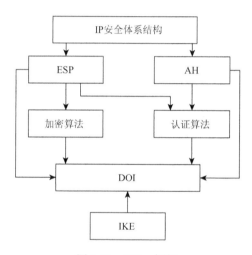

图 2-13　IPSec 框架

ESP 定义了 ESP 加密以及认证处理的相关包格式和规则，其包格式和规则在 RFC2406 文档中定义。AH 定义了认证处理的相关包格式和规则，其包格式和规则在 RFC2402 文档中定义。互联网密钥交换（Internet key exchange，IKE）协议定义了通信实体之间进行身份认证、密钥协商算法和生成共享密钥的方法。解释域（domain of interpretation，DOI）定义了密钥协商彼此相关部分的标识符和参数。例如，加密和认证算法的标识符以及设置密钥生存时间的参数。IPSec 没有定义任何特定的加密和认证算法，而是提供了框架和机制，让通信实体自己选择加密和认证算法。

IPSec 定义了两种不同的数据传输模式：传输模式和隧道模式。传输模式保护 IP 数据包的载荷，隧道模式保护整个 IP 数据包。在传输模式中，IP 头与上层协议头之间需要插入一个特殊的 AH 或者 ESP 头。而在隧道模式中，要保护的整个

IP 包都需要封装到另一个 IP 数据包里，同时在外部与内部 IP 头之间插入一个 IPSec 头。AH 和 ESP 均可以同时以传输模式或者隧道模式工作。

在传输模式下，IPSec 头加到 IP 包头和其数据部分之间，如图 2-14 所示。

| IP头 | IPSec头 | 数据部分 |
| --- | --- | --- |

图 2-14　IPSec 传输模式

在隧道模式下，IPSec 首先用一个外部 IP 数据包封装需要传输的原始 IP 数据包，把原始 IP 数据包头及其载荷封装起来，从而可以对整个内部的 IP 数据包进行加密和认证。然后，IPSec 头加到原始 IP 头的前面，此外在前面再加上一个新的 IP 头。这样，IPSec 头和原始的 IP 头可以看做新的 IP 数据包的数据部分，如图 2-15 所示。

图 2-15　IPSec 隧道模式

AH 协议主要定义了认证方法，提供数据源认证和完整性保护，不提供加密功能，但其认证服务要强于 ESP。AH 协议为 IPSec 提供认证服务，接收者通过这个服务就能验证消息来源的可靠性和真实性，同时也能够验证消息在传输过程中是否被篡改过。另外，AH 协议还可以通过使用序列号字段来提供反重放攻击保护，这样就可以防止攻击者获取消息并进行重新发送消息来攻击系统。AH 报头的结构如图 2-16 所示。

| 下一个报头 | 有效载荷长度 | 安全字段（保留） |
| --- | --- | --- |
| 安全参数索引 | | |
| 序列号 | | |
| 认证数据 | | |

图 2-16　AH 报头结构

AH 各个字段的含义如下。

（1）下一个报头（next header）：规定了要传输 IP 数据报的下一个报头的类型，

其值用 8bit 表示。

（2）有效载荷长度（length）：表示 AH 报头的长度，其值也用 8bit 表示。

（3）安全参数索引（security parameters index，SPI）：占用 32bit，其与目的 IP 地址、协议结合在一起能够准确地标识数据项的安全关联。

（4）安全字段：默认值为 0，保留以后使用，字段长为 16bit。

（5）序列号（sequence number）：当传输一个特定的 SPI 数据包时，序列号就会自动加 1，不断递增，因此它是一个单调递增序列。这样，该序列号可以唯一地标识要发送的每一个数据包，可以实现反重放攻击的功能。

（6）认证数据（authentication data）：主要实现数据完整性校验功能。当接收端接收到发送端发送的数据包后，首先进行散列计算，然后与发送端所计算的散列值相比较。如果两者比较结果相同，则接收数据包，否则丢弃。这样，数据的完整性就得到了保证。

一般情况下，数据包在 Internet 上传输需要经过多个路由器才能到达目的地，因此仅仅通过 AH 协议验证数据包在传输过程中的完整性是远远不够的，而 ESP 能够提供这种安全服务类型的 IP 安全报头。ESP 是一项在网络层进行加密的技术，它为 IP 数据包提供无连接完整性检查、来源认证和加密功能，通过这种方式可以保证发送方发送数据的保密性，防止在传输过程中被篡改和伪造。虽然 ESP 和 AH 协议都提供认证功能，但是 AH 协议认证服务强于 ESP 的认证服务，所以两者可以结合使用，前者保证报文来自正确的来源并且未被调包，后者则保证报文不被第三方窃听。在实际应用中可以根据业务需求考虑将两种协议结合使用。ESP 报头的结构如图 2-17 所示。

图 2-17　ESP 报头结构

ESP 报头各个字段的含义如下。

（1）安全参数索引：标识一个安全关联，与 AH 报头中的 SPI 字段功能相同，占用 32bit。

（2）序列号：一个单调递增序列，实现抗重放攻击功能，要求强制使用，当安全关联建立时开始递增计数。

（3）数据载荷：长度可变，包含数据报的加密部分。

（4）填充项：可以填充 0～255 字节的数据，主要作用是根据加密算法填充一定数量的字节数据，保证加密的实现。

（5）填充项数据长度：标识填充数据的长度。接收方根据该值删除填充数据，这样就可以恢复原始数据载荷。

（6）下一个报头：标识下一个报头的类型。

（7）认证数据：提供对除了认证数据字段数据本身以外的 ESP 报头的完整性校验值。

ESP 既要实现数据加密，又要实现数据认证，所以它必须同时定义加密算法和认证算法。接收方在接收到一个 ESP 数据包后，首先检查其序列号，认证是不是重发的数据包。若数据包序列号认证通过，则对其进行解密获得原始数据包。

IKE 协议是一个混合体，主要由密钥管理协议 ISAKMP、密钥交换协议 OAKLEY 和密钥更新协议 SKEME 组成，基本上沿袭了 ISAKMP 的基本框架、OAKLEY 的模式以及 SKEME 的密钥共享和更新技术。也就是说，它是多种协议的融合，主要定义了通信实体间进行身份认证、协商加密算法和生成共享会话密钥的方法。

IKE 协议由两个阶段交换构成。第一个阶段交换用来在两个 IKE 实体间建立一个安全的、经过相互身份认证的通信信道，称为 IKE SA，并且其建立经过认证的密钥，为双方后续的 IKE 通信提供加密和认证。第二阶段使用已经产生的 IKE SA 保护协商产生 IPSec SA。第一个阶段交换有两种交换模式可供选择：主模式和野蛮模式。两者的区别主要在于主模式可以提供身份保护，而且具有更大的灵活性；而野蛮模式交换的消息个数少，交换速度快。主模式由三对消息组成：第一对消息用来协商 IKE SA 的各种属性，包括加密算法、散列算法和认证算法等；第二对消息交换 Diffie-Hellman 公开值；第三对消息用来交换各自的身份，并且对对方的身份和 Diffie-Hellman 交换进行认证。野蛮模式在两对消息中完成上述交换。无论哪种模式都有 4 种身份认证方式，即数字签名、公钥加密算法、改进的公钥加密算法和预共享的密钥算法。根据认证方式的不同，交换消息的过程会有一些不同。第二个阶段交换是一种快速模式。快速模式交换必须在第一阶段建立的 IKE SA 的保护下进行。在同一个 IKE SA 保护下可以进行若干快速模式交换，甚至可以并发执行多个快速模式交换，快速模式中所有的载荷必须加密和认证。因此，利用 IKE 协议可实现协商过程中的完整性保护和身份认证，阻止中间人的攻击。

# 2.5　AAA 技术

身份认证、权限管理和资源管控是保证移动互联网安全的重要技术之一。而 AAA 技术就可以很好地解决上述三方面的问题。AAA 技术提供认证、授权和计费机制，从而可以分别实现身份认证、权限管理和资源管控功能，保证移动互联网安全。AAA 体制的具体协议有 RADIUS 协议和 Diameter 协议，它们用来实现应用业务的 AAA 功能，RFC2903 定义了 AAA 模型。

## 2.5.1　AAA 技术概述

随着 Internet 的发展，认证（authentication）、授权（authorization）和计费（accounting）体制（AAA）已经成为其运营的基础。Internet 上各种资源的使用需要由 AAA 技术来进行管理。认证主要是实现验证用户的身份与可使用的网络服务功能。授权主要是依据认证结果开放网络服务给用户。计费完成记录用户对各种网络服务的使用量并提供给计费系统。因此，AAA 就是对用户使用网络服务和资源访问时的身份进行鉴别，对权限进行判别，并根据使用情况进行计费的过程。

首先，认证部分提供了对用户的认证。整个认证通常采用用户输入用户名与密码的形式来进行权限审核。认证的原理是每个用户都有一个唯一的权限获得服务。由 AAA 服务器将用户的身份信息同数据库中每个用户的身份信息一一核对。如果符合，那么用户认证通过。如果不符合，则拒绝提供网络连接。

然后，用户通过授权来获得操作相应任务的权限。例如，用户登录某一系统后，可能执行一些命令来进行操作，这时，授权过程会检测用户是否拥有执行这些命令的权限。简而言之，授权过程是一系列控制策略的组合，包括确定活动的种类或质量、资源或者用户被允许的服务等。一旦用户通过了认证，他们也就被授予了相应的权限。

最后，计费过程将会计算用户在连接过程中消耗的网络资源量，这些资源包括连接时间或者用户在连接过程中的收发流量等。其可以根据连接过程的统计日志以及用户信息，还有授权控制、账单、趋势分析、资源利用以及容量计划活动来执行计费过程。

AAA 的具体协议有 RADIUS 协议和 Diameter 协议。

RADIUS 协议是互联网最早的几种 AAA 技术之一，也是主流的 AAA 协议，是在 IETF 的 RFC2865 和 RFC2866 中定义的，已被应用在许多场合。RADIUS 协议最初是由 Livingston 公司提出的，原先的目的是为拨号用户进行认证和计费。

后来经过多次改进，形成了一项通用的认证计费协议。RADIUS 是一种 C/S 结构的协议，它的客户端最初就是网络接入服务器（NAS），现在任何运行 RADIUS 客户端软件的计算机都可以成为 RADIUS 的客户端。

Diameter 协议被 IETF 的 AAA 工作组作为下一代 AAA 协议标准。Diameter 协议在设计时就克服了现有 AAA 技术的很多不足之处，并保持了与广为使用的 RADIUS 协议的兼容，以满足新的需求。Diameter 协议不是一个单一的协议，而是一个协议簇，它包括基本协议和各种由基本协议扩展而来的应用协议。

Diameter 基本协议为各种认证、授权和计费业务提供了安全、可靠、易于扩展的框架，其主要涉及性能协商、消息如何被发送、对等双方最终如何结束通信等方面。它一般不单独使用，往往被扩展成新的应用来使用，所有应用和服务的基本功能都是在基础协议中实现的。应用特定功能则是由扩展协议在基础协议的基础上扩展后实现的。Diameter 基本协议设定通信是以对等的模式进行的，而不是客户机/服务器模式，其注重能力协商、消息发送以及对等端如何最终被拒绝。同时，它还制定了特定规则来进行 Diameter 节点之间所有的信息交换。总之，Diameter 基本协议只是提供一个 AAA 框架，以用于各种应用。

Diameter 应用协议则扩展了基本协议，以完成特定的接入和应用业务。它充分利用基本协议提供的消息传送机制，并以此为基础定义应用协议的应用标识、参与通信的网络功能实体、相互通信的功能实体间的消息内容以及协议过程等。Diameter 协议最大的优点是其扩展性高，可以根据不同的网络应用来定义新的 Diameter 应用协议。

## 2.5.2　AAA 模型

在网络系统中，将能提供认证、授权和计费功能的服务器统称为 AAA 服务器。AAA 服务的基本模型如图 2-18 所示。

图 2-18　AAA 服务的基本模型

当用户［图中的移动节点（mobile node，MN）］在访问域发出接入请求时，网络接入服务器（network access server，NAS）中的 AAA 客户端程序便收集用户信息并提交给 AAA 服务器进行认证。若认证成功，则允许用户接入网络，同时客户端程序向 AAA 服务器发送计费开始的请求，启动计费进程。当用户停止接入网络时，再由客户端程序向 AAA 服务器发送计费终止请求，AAA 服务器就停止计费。网络接入服务器可以同时处理多个用户请求，且 AAA 服务器也可以同时处理多个接入请求。

将 AAA 协议应用到移动互联网时，需要考虑移动网络的特点及漫游的特性，所以 AAA 协议需要满足以下要求。

（1）支持可靠的 AAA 传输机制，必须有可靠的重传机制和错误恢复机制，且重传由可靠的 AAA 传输机制来控制，而不是由下层的协议来控制。

（2）尽量减少 AAA 处理所需要的往返次数，每一条传输路径都要能够提供消息完整性检查和身份认证。

（3）对于所有的授权和计费信息，提供重放保护和不可抵赖的功能。

（4）支持代理服务器的计费功能，代理服务器为服务网络和家乡网络提供计费信息的交换，必须支持实时计费，所有的计费报文中必须包含时间戳。

AAA 在移动互联网应用中的基本框架如图 2-19 所示。

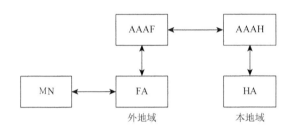

图 2-19　AAA 在移动互联网应用中的基本框架

在移动互联网应用框架中，网络接入服务器是外地代理（FA），由 FA 向 AAA 服务器发送接入请求。家乡域中包含家乡代理（HA）和家乡服务器（AAAH）。当客户端从家乡域移动到外地域且申请使用外地域的网络资源时，首先需要向接入点出示相关的安全证书。通常情况下，外地代理不能够单独完成认证工作，需要请求外地服务器（AAAF）来协助完成。如果 AAAF 本身没有在本地存储足够的信息来验证用户证书，此时就需要和 AAAH 协同来完成认证工作。如果 AAAH 和 AAAF 之间建立了足够的安全关联和存取控制，就可以相互协定来完成对用户的认证和授权。一旦从 AAAF 获得授权，且 AAAF 把授权结构通知了 FA，则 FA 就可以向用户提供相应的服务。具体的消息认证流程如图 2-20 所示。

其中，Advertisement 为代理广播消息，RegReq 为注册请求，AMR 为 AAA 认证请求，HAR 为代理请求消息，HAA 为代理回复消息，AMA 为 AAA 认证回复消息，RegRep 为注册响应消息。

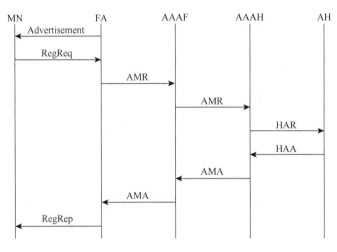

图 2-20 消息认证流程

（1）当 MN 移动到外地时，收到 FA 发送的代理广播消息，确定自己已经移动到了外地。

（2）MN 向 FA 发送注册请求，其中包括家乡地址、家乡代理地址以及网络接入标识符。

（3）FA 收到注册请求后，生成 MN 的 AAA 认证请求（AMR）消息，并发送给 AAAF。

（4）AAAF 收到 AMR 后，查看其网络访问标识符，根据 MN 的家乡域名，向 AAAH 发送 AMR。

（5）AAAH 在本地数据库中查找该 MN 的信息，若通过认证，则给 HA 发送 HAR。

（6）HA 将注册成功的消息依次通过 AAAH、AAAF 和 FA 返回给 MN。

# 参 考 文 献

Dahl J, Figved W, Snorrason F, et al. 2013. Center index method: an alternative for wear measurements with radiostereometry (RSA). Journal of Orthopaedic Research, 31(3): 480-484.

Dimitrios M, Konstantinos G, Ioannis P, et al. 2011. FPGA power consumption measurements and estimations under different implementation parameters. 2011 International Conference on Field-Programmable Technology: 1-6.

Fan Y Q, Li C, Sun C, et al. 2012. Secure VPN based on combination of L2TP and IPSec. Journal of Networks, 7(1): 141-148.

Kim C H. 2012. Improved differential fault analysis on AES key schedule. IEEE Transactions on Information Forensics and Security, 7(1): 41-50.

Mahmoud R, Saeb M. 2012. Hardware implementation of the message digest procedure MDP-384. International Journal of Computer Science and Network Security, 12 (11): 99-108.

Marin-Lopez R, Pereniguez F, Lopez G, et al. 2011. Providing EAP-based Kerberos preauthentication and advanced authorization for network federations. Computer Standards and Interfaces, 33 (5): 494-504.

Nagaraj S V. 2012. RC4 stream cipher and its variants. Computing Reviews, 53 (10): 593-594.

Nikeshin A V, Pakulin N V, Shnitman V Z, et al. 2011. Development of a test suite for the verification of implementations of the IPsec V2 security protocol. Programming and Computer Software, 37 (1): 26-40.

Okechukwu E, Loo M K K, Comley R, et al. 2011. Wireless mesh network security: A traffic engineering management approach. Journal of Network and Computer Applications, 34 (2): 478-491.

Virtudez K J D A, Gustilo R C. 2012. FPGA implementation of a one-way hash function utilizing HL11-1111 nonlinear digital to analog converter. TENCON 2012 IEEE Region 10 Conference: 1-5.

Younchan J, Marnel P. 2011. Tunnel gateway satisfying mobility and security requirements of mobile and IP-based networks. Journal of Communications and Networks, 13 (6): 583-590.

# 第3章　移动互联网安全架构

移动互联网是移动通信网络与互联网络融合的产物,以终端智能化、网络 IP 化、业务多元化为特征的移动互联网应用已经成为移动网络和互联网应用持续发展的新动力。本章在把握移动互联网规律的基础上,主要对移动互联网安全的整体架构进行阐述,分别对移动互联网终端安全、网络安全和应用安全三个层次的安全威胁、安全架构以及相应的安全机制进行系统而全面的介绍。

## 3.1　移动互联网安全威胁

移动互联网在给网络带来巨大发展机遇的同时,也带来网络和信息安全的新挑战。随着移动终端和业务平台的逐步开放,封闭的花园围墙被打破,如果没有良好的防护技术和管理手段,那么所有互联网今天面对的安全难题都会出现在移动互联网上,而各种新的安全隐患也将会在移动互联网世界暴露乃至泛滥。移动互联网无处不在的接入同时也意味安全隐患、有害信息、网络违法行为无处不在的可能,相应的安全管理形势将更加复杂。

### 1. 移动互联网网络安全威胁

首先,从移动通信角度看,与互联网的融合完全打破了其相对平衡的网络安全环境,大大削弱了通信网原有的安全特性。原有的移动通信网由于网络相对封闭,信息传输和控制管理平面分离,网络行为可溯源,终端的类型单一且非智能,用户鉴权也很严格,使得其安全性相对较高。而 IP 化后的移动通信网作为移动互联网的一部分,这些安全性优势仅剩下了严格的用户鉴权和管理。面对来自互联网的各种安全威胁,其安全防护能力明显降低。

其次,从现有互联网角度看,融合后的网络增加了无线空口接入,同时将大量移动电信设备,如 WAP 网关、IMS 设备等引入了 IP 承载网,从而使互联网产生了一些新的安全威胁。例如,通过破解空口接入协议非法访问网络,对空口传递信息进行监听和盗取,对无线资源和设备的服务滥用攻击等。另一方面,移动互联网中 IP 化的电信设备、信令和协议,大多较少经受安全攻击测试,存在各种可以被利用(如拒绝服务和缓冲区溢出等)的软硬件漏洞,一个恶意构造的数据包就可以很容易地引起设备宕机,导致业务瘫痪。

实际上,以上网络安全隐患已经引起了业界的广泛关注。在移动通信技术领域，3G 以及未来 LTE 技术研究和网络建设部署中，安全保护机制已有了比较全面的考虑，3G 网络的无线空口接入安全保障机制相比 2.5G 提高了很多，如实现了双向认证的鉴权等。另一方面，针对 WiFi 无线网络标准中的有线等效保密协议（WEP）加密很容易被破解的安全漏洞，WLAN 的标准化组织 IEEE 使用安全机制更完善的 802.11i 标准，用 AES 算法代替了原来的 RC4，提高了加密鲁棒性，弥补了原有用户认证协议的安全缺陷。然而，仅有以上针对认证和空口传输安全的技术标准改进并不足以完全应对移动互联网面对的安全问题。

### 2. 移动终端的安全威胁

移动终端面临的安全威胁既有移动通信技术固有的问题，如无线干扰、SIM 卡克隆、机卡接口窃密等；也有由于移动终端智能化带来的新型安全威胁，包括病毒、漏洞、恶意攻击等。移动终端存储大量的用户私密信息，未来终端中的用户数据保护将面临巨大的安全挑战。相对 PC，移动终端的恶意代码传播途径更加多样化，业务应用环节更加复杂。而且移动终端存储和计算能力相对 PC 成本高很多，相应安全防护技术的开发就存在很大的局限性，例如，终端病毒库的存储和更新将来必然是很大的难题。另外，移动通信永远在线的特性使得窃听和监视行为更加容易。同时较 PC 而言，移动终端对用户的重要性更大，存储的私密、位置、金融信息，也使攻击诱惑性更大。总而言之，移动终端作为"无所不在"服务和个人信息的载体，随着技术发展，未来其安全问题将会比 PC 更复杂。

### 3. 移动互联网应用安全威胁

移动互联网的发展带动了大批具有移动特色的新型融合性移动应用的繁荣，如移动电子商务、定位业务，以及飞信、QQ 等即时或短信业务。这些应用和移动通信传统业务（话音、彩信、短信等）充分融合，业务环节和参与设备相对增加很多。同时由于移动业务带有明显的个性化特征，且拥有如用户位置、通讯录、交易密码等用户隐私信息，所以这类业务应用一般都具有很强的信息安全敏感度。正是由于以上特征，再加上移动互联网潜在的巨大用户群，移动业务应用面临的安全威胁将会具有更新的攻击目的、更多样化的攻击方式和更大的攻击规模。

以典型移动业务移动电子商务应用为例，除了存在如钓鱼、连接中断导致交易失败、用户交易欺诈等安全威胁之外，还面临一些特殊安全风险。

短信交互风险：移动支付类业务很多用户关键信息需要通过移动通信业务（特别是短信）传递，而这些信息很可能在空口传递时被窃听盗取。短信业务还存在丢失和重发的可能，如果应用于支付环节，将会造成交易问题，如多次支付或者支付失效等。

隐私泄露或滥用风险：很多移动互联网应用（尤其是支付类商务应用），都会捆绑用户手机号码等隐私信息，这些信息在交易过程中和交易过后被泄露或者滥用的安全风险很大。

移动互联网应用平台由于软硬件存在漏洞，极易受到来自网络方面的攻击。可采用严格的用户鉴权和管理机制，防护非法用户对应用平台系统的侵入和攻击；同时通过设置防火墙对应用平台进行保护。

## 3.2　移动互联网安全架构

移动互联网是移动终端作为网络终端，利用移动通信技术接入无线局域网和移动通信网（包括 2G、3G），使用互联网业务或者通过 WAP 访问互联网。移动互联网既涉及传统的移动通信网络，又涉及安全问题比较多的互联网。移动互联网中的安全问题更复杂、更具挑战性，应该进行分层研究。依据移动互联网架构中网络与信息安全分层的思想，移动互联网安全可以分为互联网终端安全、移动互联网网络安全以及移动互联网应用安全三部分，如图 3-1 所示。

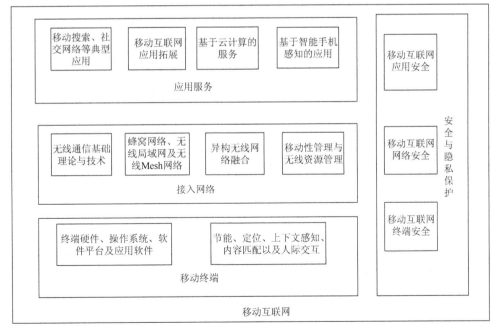

图 3-1　移动互联网安全架构

在移动互联网终端安全中，移动互联网终端是这一研究内容的载体，这些终端设备一般包括手机、PDA、上网本等。终端设备安全、终端业务应用安全、终端中的信息安全是移动互联网终端安全的主要研究内容。

## 1. 移动互联网终端安全

在移动终端安全中，设备安全是最基本的安全要求。手机等移动互联网终端属于信息技术设备和通信终端设备，首先应符合包括电磁兼容（EMC）和电器安全在内的中国强制认证（CCC）要求；其次移动互联网终端使用无线通信技术，应符合无线电管理局（SRRC）的型号核准认证（TYC）；最后，作为通信设备的移动终端应符合包括网络安全要求在内的通信入网认证（NAL）。此外，大多数移动互联网终端具备操作系统，对常见的病毒，如蠕虫病毒、木马病毒以及钓鱼网站的非法入侵等恶意攻击具备一定的防范能力。

移动互联网终端的应用安全，主要研究与终端绑定的应用。移动互联网终端的应用为终端正常接入网络提供保证，并确保合法用户可以正常使用终端与网络。此类应用的目的是防止出现盗用业务、冒名使用业务等操作泄露用户的隐私信息。终端的合法用户可以在承诺范围内随时使用终端的应用，这些应用采取必要的加密和隔离等手段保障通信秘密，可以有效地防范 DDoS 等攻击。

移动互联网终端的信息安全主要是指终端中存储的用户隐私信息、个人信息不被非法获取。这些隐私信息主要包括通讯录信息、用户的通话记录、短信和彩信，以及设备的 IMEI 号、SIM 卡内信息，用户存储的文档、图片、照片等。移动互联网网络安全以及业务应用安全主要关注用户信息在传递中的保密性、完整性和可用性，而终端内信息的授权访问、防入侵、加密存储等内容是终端信息自身安全的研究重点。

## 2. 移动互联网网络安全

移动互联网的设备安全、传输安全、信息安全是移动互联网网络安全的重要组成部分，其类型比较见表 3-1。

表 3-1  移动互联网网络安全类型比较

| 安全内容 | 环境安全 | 传输安全 | 信息安全 |
|---|---|---|---|
| 载体 | 路由器、服务器设备等 | 基站、传输线路 | 线路上传递的信息 |
| 相关标准 | 网络接入标准、设备电气化标准 | 防窃听、非法用户接入、滥用网络 | 数据完整性、可用性 |
| 保护技术 | 定时维护设备、严格遵守使用要求 | 加密、认证、信令与协议过滤等 | 网络隔离交换、攻击防御与溯源 |

移动互联网设备与环境安全主要是指路由器、接入网服务器等网络设备自

身的安全性以及这些设备所处环境符合标准要求等。移动互联网网络设备自身
安全主要包括符合工信部设备接入网络要求中的安全要求，而环境安全主要是
指网络设备所处环境温度、湿度、电磁、访问控制等条件符合一定的标准要求。
此外，网络设备和网络设备的环境安全还包括网络设备的操作系统、中间件、
数据库、基础协议栈等具备一定的防攻击、防入侵能力，保障相关设备可靠稳
定地运行。

移动互联网的传输安全主要是指接入网络服务的安全性，主要采用认证等技
术手段确保合法用户可以正常使用，防止业务被盗用、冒名使用等。在 2G 的 GSM
网络中实施单向认证，采用 A3/A8 实现认证和密钥协商，在 3G 网络中以 3GPP
为例，在 R99 中引入了双向认证、新的鉴权算法：高级加密标准（AES），将加密
算法后移至无线网络控制器，引入新的密码算法 Kasumi，增加了信令完整性保护；
在 R4 中增加了 MAPSec 保护移动应用协议（MAP）信令安全。此外，Kerberos
身份认证协议允许工作站用户以一种安全的方式访问网络资源；在 R5 中利用
IPSec 保护分组域安全，并引入 IP 多媒体子系统（IMS）接入安全；在 R6 中增加
了通用鉴权架构。而 WiFi 受保护访问决定了它比 WEP 更难以入侵，对数据安全
性有很高要求的移动互联网，采用 WPA 加密方式是必然的趋势。WPA 作为 IEEE
802.11 通用的加密机制，在安全防护上比 WEP 更为周密，特使是在身份认证、加
密机制和数据包检查等方面，它同时提升了无线网络的管理能力。

移动互联网信息安全主要包括信息通过空口传播、IP 承载网和互联网进行
传递时，网络所提供必要的隔离和保密以及接入网络所涉及的用户注册信息安
全。移动通信网中定义了空口加密算法，但无论 2G 网络还是 3G 网络都并未真
正采用，多数 WiFi 的接入网也没有具体实施加密，因此信息安全主要还是依赖端
到端实现。

### 3. 移动互联网应用安全

移动互联网应用安全可以分为三类：第一类是传统互联网业务在移动互联网
上的复制；第二类是移动通信业务在移动互联网上的移植；第三类是移动通信网
与互联网相互结合，运用于移动互联网终端的创新业务。目前的移动互联网业务
包括利用智能手机等移动互联网终端获取的移动浏览、移动 Web、移动搜索、移
动电子邮件、移动即时消息、移动电子商务、移动在线游戏、电话、短信彩铃、
彩信、移动定位、移动导航、移动支付、移动 VoIP、移动地图、移动音频、移动
视频、移动广告、移动 Mashup、移动 SaaS 等。应用的环境安全、业务安全、信
息安全是移动互联网应用安全的重要研究对象。

移动互联网应用安全相关设备/环境安全主要是指应用服务器 Web 服务器、数
据库服务器、邮件服务器网关、存储介质等设备自身的安全性、所处环境符合标

准要求等。上述设备自身安全主要符合涉及电器安全的中国强制认证要求，环境安全主要是指上述设备所处环境温度、湿度、电磁、防尘、防火、门禁、访问控制等条件符合必要的标准要求。此外，设备/环境安全还包括上述操作系统、数据库、中间件、基础协议栈等具备必要的防攻击、防入侵能力，保障设备稳定可靠地运行。

移动互联网传输安全主要是指业务应用的安全性，主要采用认证等技术手段确保合法用户可以正常使用，防止应用被他人盗取、非法使用等。当前多数应用安全机制与网络层接入的安全机制无关，由移动互联网终端与移动互联网业务设备端到端实施。目前，用户可以通过应用加锁操作实现隐私保护设置，执行保护过程的流程如图 3-2 所示。

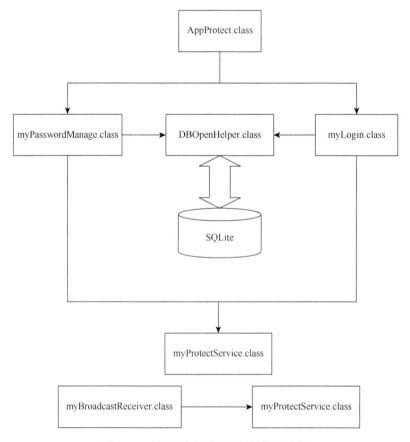

图 3-2　对用户的应用执行加锁操作过程

移动互联网应用安全中的信息安全主要包括业务应用相关信息完整性、机密性和不可否认性。虽然网络可能采取一定的加密、隔离措施保障信息自身安全，但是当前移动互联网应用主要依靠移动互联网终端与移动互联网业务设备端到端实施。移动互联网业务可以来自互联网、移动网以及移动网与互联网结合的创新业务，包括移动地图、移动音频、移动视频在内的多数业务相关的信息属于公众信息，而不是端到端的通信。因此，移动互联网应用应当采取足够有效的措施来防范应用所涉及内容的安全性，保证应用不包括违法信息、不良信息以及侵犯公民隐私的敏感信息等。

## 3.3　移动互联网安全机制

针对上述安全威胁，移动互联网也有合适的安全机制来应对。因为移动互联网接入部分是移动通信网络，无论采用 2G 还是 3G 进行接入，3GPP、OMA 等组织都制定了完善的安全机制。也可以从终端、网络和业务的安全机制方面来分别进行阐述，通过相应的安全机制，能较好地控制移动互联网相关的不安全因素。

### 1. 终端方面的安全机制

移动互联网终端应具有身份认证的功能，具有对各种系统资源、业务应用的访问控制能力，对于身份认证可以通过口令方式或者智能卡方式、实体鉴别机制等手段保证安全性，例如，图形密码认证系统通过让用户在图形用户界面上显示的图像中按照特定的顺序规则进行选择来工作，利用图形密码方法也称为图形用户认证（GUA），其优点是比文本方式密码更容易记忆，并能提供更高级别的安全认证。对于数据信息的安全性保护和访问控制，可以通过设置访问控制策略来保证其安全性；对于终端内部存储的一些数据，可以通过分级存储和隔离，以及数据的完整性检测等手段来保证安全性。

### 2. 网络方面的安全机制

目前，在移动互联网接入网方面，无论 2G 还是 3G，都有一套完整的安全机制。2G 主要有基于时分多址（TDMA）的 GSM 系统、DAMPS 系统及基于码分多址（CDMA）的 CDMAone 系统，这两类系统安全机制的实现有很大区别，但都是基于私钥密码体制，采用共享秘密数据（私钥）的安全协议，实现对接入用户的认证和数据信息的保密，在身份认证及加密算法等方面存在着许多安全隐患。3G 在 2G 的基础上进行了改进，继承了 2G 系统安全的优点，同时针对 3G 系统的新特性，定义了更加完善的安全特征与安全服务，主要作了如下改进。

（1）实现了双向认证，不但提供了基站对手机的认证，也提供了手机对基站的认证，可有效防止伪基站攻击。

（2）提供了链路数据信令的完整性保护，加强了消息在网络内的传送安全，采用了以交换设备为核心的安全机制，加密链路延伸到交换设备，并提供基于端到端的全网范围内加密。

（3）根密钥、完整性密钥长度增加到 128bit，改进了算法。

（4）接入链路加密延伸至无线网络控制器。

（5）在移动通信中，用户和网络间的大多数信令信息是非常敏感的，3G 系统中采用了消息认证来保护用户和网络间的信令消息密钥被篡改，使这些数据得到了完整性保护。

目前 3G 移动通信网络的安全机制包括 3GPP 和 3GPP2 两个类别。

3. 应用的安全机制

对于业务方面，3GPP 和 3GPP2 都有相应业务标准的机制，如 WAP 安全机制、Presence 业务安全机制、定位业务安全机制、移动支付业务安全机制等；其他方面还包括垃圾短消息的过滤机制，对于版权有 OMA 的 DRM 标准等。移动互联网业务纷繁复杂，需要通过多种手段不断健全业务方面的安全机制，以最大限度地减少业务应用的安全威胁，如 SQL 注入、DDOS 攻击、隐私敏感信息泄露、移动支付安全威胁以及业务的盗用、冒名使用、滥用和恶意扣费等，为用户提供一个相对安全的网络。

总体来说，移动互联网是一个新生事物，是移动通信技术、多媒体通信技术以及互联网技术相结合的产物，需要更深层次的探索与研究。因此，移动互联网既继承了三者的优点，同时也继承了三者的缺点，而安全问题一直是移动通信系统至关重要的问题，其中有来自互联网的病毒、垃圾信息等，也有来自移动网与互联网相结合后的非法定位、移动网身份窃取等。尽管当前移动互联网与传统互联网相比，由于本身带宽和终端技术限制还有较大的差距，安全问题还不是非常显著，但是随着技术的飞速演进以及移动终端的智能化，移动互联网安全问题必然越来越引人关注。可以预期，移动互联网安全将成为未来安全领域的热点问题，随即也必将推进移动互联网安全技术的蓬勃发展。

<h1 style="text-align:center">参 考 文 献</h1>

Atay S, Masera M. 2011. Challenges for the security analysis of next generation networks. Information Security Technical Report, 16(1): 3-11.

Dan G. 2011. A case study of intelligence-driven defense. IEEE Security Privacy, 9(6): 67-70.

Delac G, Silic M, Krolo J, et al. 2011. Emerging security threats for mobile platforms. 2011 Proceedings of the 34th International Convention MIPRO: 1468-1473.

Feng Z, Sead M, Gernot S, et al. 2011. Secure service-oriented architecture for mobile transactions. World Congress on Internet Security: 133-138.

Kiran K, Saravanan N. 2012. Cloud security: Can the cloud be secured? 2012 International Conferece for Internet Technology and Secured Transactions: 208-210.

Liu W, Ren P, Sun D H, et al. 2012. Mobile intelligent terminal based remote monitoring and management system. 2012 Third Cybercrime and Trustworthy Computing Workshop: 56-59.

Stephen D, Michael K. 2012. Network management for multi-network terminals. 2012 IEEE Military Communications Conference:1-6.

Wei K C, Huang Y L, Leu F Y, et al. 2012. A secure communication over wireless environments by using a data connection core. 2012 Sixth International Conference on Innovative Mobile and Internet Services in Ubiquitous Computing: 570-575.

Xu Q F, Guo J, Xiao B, et al. 2012. The study of content security for mobile Internet. Wireless Personal Communications, 66(3): 523-539.

Xuan H, Geoffrey L, Victor B, et al. 2011. A model to support the authentication of mobile business. 2011 International Conference on E-Business and E-Government: 1-4.

Zarai F, Daly I, Banat M M, et al. 2012. Security in wireless mesh networks. International Journal of Computer Science and Network Security, 12(11): 116-130.

# 第4章　移动互联网终端安全

在移动互联网快速普及的同时，移动互联网终端安全也面临着巨大的挑战。在简要介绍目前移动互联网终端以及终端所面临的威胁后，本章提出移动互联网终端主动防御、数据备份、预防被盗等防护技术，通过从设备备层、应用层和网络层对终端实现全面监控和管理，在一定程度上减少终端因隐私泄露、系统攻击和设备等安全问题给用户带来的精神和财产损失。

## 4.1　移动互联网终端概述

在对移动互联网终端安全进行探讨之前，首先说明移动互联网终端设备的定义以及移动终端设备的结构体系和终端设备上嵌入的各种操作系统等的概念。毕竟，如果现实生活中没有相应的移动互联网终端设备的应用，就没有人会对移动互联网的终端安全感兴趣，那么相应的研究也就没有任何意义。首先讨论市场上已有的移动互联网终端设备，再进一步分析这些设备共有的体系结构以及它们各自所使用的操作系统。

在正式介绍移动终端之前，首先介绍当今全球移动终端的现状。目前，全球超过 5 亿 Facebook 用户中有 2 亿以上为移动用户，Twitter 用户中有一半为移动用户，40%的微博来自终端，在国内，截至 2010 年 12 月，手机用户达 3.03 亿，较 2009 年增加约 6930 万人，手机上网用户比例在"井喷式"地激增，至今，这种趋势还远远没有饱和，未来移动终端必将占据 Internet 界的半壁江山。

### 4.1.1　移动互联网终端设备

移动互联网终端的定义是：在移动通信设备中，终止来自网络或者送至网络的无线传输，并将终端设备的能力适配到无线传输的部分。对于传统的终端设备，广义上的定义是用来创建、存储、处理和删除数据的台式机和笔记本电脑，台式机和笔记本电脑就是终端。但如今，在人来人往的地铁站和飞速奔跑的高铁上，不难发现人们身边处理数据的设备终端是多种多样的，有平板计算机（图 4-1）、PDA、智能手机以及移动电子邮件终端——黑莓等，这些都是人们肉眼可视的部分，还有其他为了满足特定应用而制造的系统，有时甚至都无法意识到它们的存在。但这些设备都具有一个共同的特点，即它们都是网络连接的末端，连接方式主要采用无线模式。移动终端包括终端硬件、操作系统、软件平台、应用软件、节能、定位、上下文感知、内容适配和人机交互等多方面内容。

图 4-1 各种品牌的平板计算机

移动互联网正朝着强调服务个性化、全方位即时服务状态的趋势发展，同时不难发现，终端设备在朝着微型化、携带化、存储能力强大化的方向演进。图 4-2 所示为各种品牌的智能手机。

图 4-2 各种品牌的智能手机

移动互联网终端主要由各种型号的笔记本电脑、平板电脑，不同厂家生产的智能手机以及一些微型和轻便的数据处理终端组成。

各种平板电脑和智能手机已经成为很多商务人士外出的必带办公设备，这些设备具备越来越强大的数据处理能力和信息存储能力，不断促使网络服务供应商寻求一切可能办法，延伸无线网络的服务范围，并在扩大可触及网络范围的同时降低人们接入移动互联网的成本和终端接入网络的技术难度，以此来帮助人们获得更多更好的网络资源，这也正是推动移动互联网终端不断变革和演变的原动力之一。移动互联网的发展不仅对传统商务模式造成了巨大的影响，也为移动终端的发展提供了更多的可能。今天的商务人士把越来越多的时间花在路上，由于拥有高科技设备，他们能在任何遥远的地点继续工作，并允许使他们处于移动状态和实时与网络保持连接的状态。

下面分析已有的一些移动互联网终端设备。目前，全球 PDA 市场上除 Palm和 IBM 公司的 WorkPad 外，康柏、日本索尼公司也都推出了 PDA 产品，产品大同小异。不过，Palm 由于开放了部分源代码，在全球软件程序员的支持下，已有 9000 多种应用软件，成为一股势力庞大的力量。一些商家推出透过 GSM手机加上 PDA 和 WAP 浏览器，让无线上网再添新生力军，PDA 也可直接连上WAP 网站，浏览各种内容，由于 PDA 的屏幕比 WAP 手机大，更适合上网浏览信息。目前 PDA 的功能主要仍以个人日常生活及信息管理功能为主，如通讯录、工作录、备忘录等，也具备了简单的计算、汇率换算及个人理财功能。随着网络技术的发展，PDA 也可以连线上网收发电子邮件，或以红外线等传输方式与其他 PDA 交换资料。在扩充功能部分，目前互联网上有许多软件可以加强 PDA的使用性能，使用者可以根据自己的需求从互联网下载并安装使用，如此一来，人们就可以用 PDA 看小说、打游戏，甚至当成家庭万用遥控器，遥控家中的电视、空调等。结合外接硬件，开发出相关的应用软件，PDA 可以被当成数码相机及 MP3 随身听。

智能手机是移动互联网终端的另一个典型代表，今天的智能手机除了可以通话、听音乐、拍照等，还可以实现包括定位、信息处理、指纹扫描、身份证扫描、条码扫描、RFID 扫描、IC 卡扫描以及酒精含量检测等丰富的功能。有些终端已经成为移动办公、移动商务和移动执法的重要工具。移动终端已经深深地融入人们的经济和社会生活中，它们可以有效地减少资源消耗，降低设备对环境的污染，移动互联网终端在快递、保险、移动执法等领域都有广泛的应用。

## 4.1.2 终端的体系结构

要了解终端的体系结构，首先要对移动终端进行分类。终端分类有较多不同的理论依据，例如，依据终端的通信方式来划分，终端主要分为 GSM 终端、WCDMA 终端、TD-SCDMA 终端等，本节主要以移动互联网终端的性能、功能和存储能力为分类依据，将终端分为智能终端和功能终端两大类。

移动终端是集成度很高，结构比较复杂的系统，如功能性移动终端，其硬件系统的核心是超大规模数字基带处理芯片，这也是操作系统与第三方开发应用的运行平台，它能与控制系统的射频、模拟、电源、接口等各个子系统协同工作。功能移动终端的数字基带处理芯片大多由两个 CPU 构成数字运算处理核心，其一是精简指令集计算机（RSIC）内核的主处理单元（MCU），负责控制整个系统，包括 2/3 层协议软件、应用软件和部分外围控制软件的运行。另一个是数字信号处理单元（DSP）核，主要负责各种数字信号处理算法和底层通信协议、驱动控制软件的运行。手机数字基带系统的工作主要分为无线接入和业务应用两部分。目前市场上 GSM 和 WCDMA 手机的业务以话音和低速数据传输为主。单个用户的数据传输速率一般最高仅每秒十几千字节，因此上述系统结构的终端，通过两个 CPU 运行软件已经可以完成包括无线信号、各层协议和应用业务处理，以及接口控制等绝大部分运算处理功能，也就是说，无线接入和业务处理是集中在同一套计算机硬件系统上完成的。功能性移动互联网终端系统结构大致如图 4-3 所示。

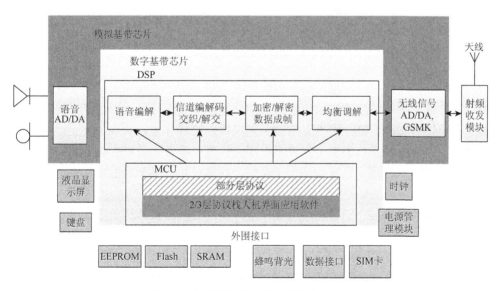

图 4-3　功能性移动互联网终端体系结构

　　功能移动终端的外形结构主要有一套简单的数字和菜单选择键盘，一块中等规模低分辨率的 LCD，外加话筒、听筒和蜂鸣器等，有的还有数据接口，以保证人机界面上少量简单信息的输入/输出和显示，以及语音和低速数据流的输入/输出。

　　基于第三代移动通信技术和业务的高度复杂性，已有的功能终端已经不能满足用户的需要，因此，智能移动终端的内部软硬件系统更加复杂，技术含量和集成程度更高，业务应用模块和无线接入部分在整个终端的功能体系中占有的位置越来越重要。智能移动终端的系统组成如图 4-4 所示。

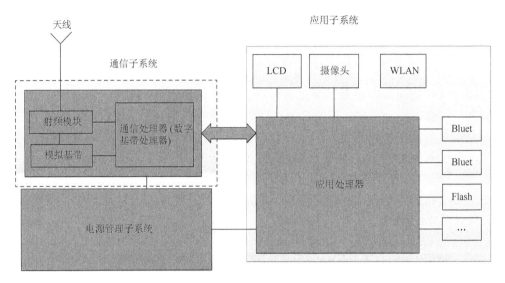

图 4-4　智能移动终端系统组成

在智能移动终端上，包含两个主要部分，即应用子系统和通信子系统，这两部分其实就对应着终端系统的无线接入部分和业务应用部分。通信子系统可以看做一个无线调制解调器，用于支撑 3G 无线接入协议体系，实现各种无线业务的传输通道。应用子系统类似于计算机终端，也可以看做一台进行业务和应用处理的 PC 或 PDA。应用子系统和通信子系统之间通过终端适配功能接口实现业务操控和数据转换。

智能移动终端与功能移动终端相比较，不难发现，接入和业务部分从硬件体系上将真正划分为两个独立子系统，智能移动终端处理宽带无线接入协议的工作会占用 2 个 CPU 绝大部分处理能力，而无线多媒体、无线宽带上网以及许多个人计算机的多任务处理功能，必须依靠扩充出专门的业务处理系统来完成。另外，丰富和高质量的应用业务需要专门的高性能操作系统，而这样的操作系统通常并不适合无线接入系统的高速实时可预测性的控制需求。因此，从软件系统的角度也有必要将通信与业务两部分处理系统各自独立起来，这使得业务处理系统和通信系统在终端内部形成两个相对独立的计算机子系统。

### 4.1.3　现有的终端操作系统

目前，移动终端操作系统种类繁多，如 Android、Windows Mobile、Symbian、

iPhone、BlackBerry、Windows Phone 7、Beda 等，本节将对其中几个操作系统进行详细介绍。

1. Android 操作系统

Android 是 Google 与开放移动终端联盟（Open Handset Alliance，OHA）合作开发的基于 Linux 平台的开源的智能移动终端操作系统。Android 的系统结构与其他操作系统一样，采用分层的架构。Android 平台的整体框架如图 4-5 所示，从整个架构图不难看出，Android 分为 4 层，自底向上分别为 Linux 内核层、系统运行库、应用程序框架层、应用程序层。

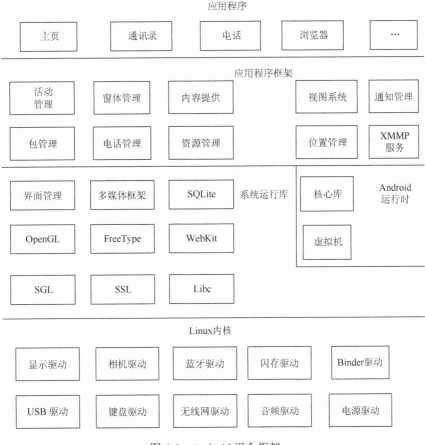

图 4-5  Android 平台框架

1）Android 应用程序框架

在 Android 平台框架中，应用程序框架位于第二层，它基于系统运行库，同时也是应用软件开发的基础，开发过程中开发人员主要是与应用程序框架接触，应用程序框架主要包括以下部分。

（1）可拓展的视图系统（view system）：在应用程序中用于构建包括列表、可嵌入的 Web 浏览器、文本框、按钮等组件。

（2）资源管理器（resource manager）：主要是向应用程序中提供非代码资源的访问，如本地图片、字符串、管理权限声明、布局文件。

（3）通知管理器（notification manager）：支持应用程序在状态栏显示用户警告或是通知的信息。

（4）活动类管理器（activity manager）：用来控制应用程序的生命周期，并向用户提供常用的返回向导功能。

（5）位置管理器（location manager）：用于提供定位服务。

（6）电话管理器（telephone manager）：向用户提供移动设备的基本功能，如发送信息、打电话等。

（7）包管理器（package manager）：Android 系统上的第三方应用程序管理器。

（8）窗口管理器（windows manager）：用来管理系统上所有应用程序的窗口。

（9）内容提供器（content provider）：用于应用程序之间实现数据互存互取。

2）应用程序

Android 平台框架的顶层就是应用程序，包括除了随操作系统一起发布的 Email 客户端、地图、浏览器、短消息、日历、拨号、联系人等核心应用程序外，还有大量的第三方应用程序，该层所有的程序都是用 Java 语言编写的。

3）系统 C 库

Android 程序库包含一个被 Android 系统中各种不同组件所使用的 C/C++库集，该库通过 Android 应用程序框架为开发者提供服务。这一层紧贴应用程序的软件组件服务，是应用程序框架支撑。系统库为平台提供的功能如下。

（1）媒体库，基于 PacketVideo OpenCore，这一函数库支持系统实现音频的录放，并且可以录制较多流行的音频和视频格式，以及一些静态的印象文件，包括 MPEG4、MP3 等。

（2）Surface Manager，当同时运行多个程序时，管理显示与操作之间的互动，并为多个程序提供 2D 与 3D 图层的无缝融合。

（3）LiWebCore，最新的 Web 浏览器引擎，主要适用于支持 Android 浏览器和一个可嵌入的 Web 视图。

（4）SGL，Android 系统内置的 2D 绘图引擎，向用户提供 2D 绘图实现的技术支持。

（5）3D Libraries 基于 OpenGL ES 1.0，API 实现的 3D 绘图库函数库，该函数库可以用软件方式或是硬件加速方式执行。

（6）Free Type，提供位图和向量字体的显示。

（7）SQLite，对所有应用程序都可用，是一款功能强大的轻量级关系型数据库引擎，为应用程序实现数据的存储和管理。

4）Android 运行库

Android 系统包含一个核心库，它向开发者提供 Java 编程语言核心库的大部分功能函数，每一个 Android 应用程序都在自身的进程中运行，独立拥有一个 Dalvik 虚拟机实例，Dalvik 通过同时高效运行多个虚拟机来实现，Dalvik 虚拟机执行.dex 的 Dalvik 可执行文件，该执行文件针对最小内存使用进行了优化。这一虚拟机基于寄存器，所有的类经由 Java 汇编器编译，然后通过 SDK 的 DX 工具转化成.dex 格式由虚拟机执行。

5）Linux 内核

Android 系统的核心服务依赖于 Linux 2.6 内核，如安全性、驱动模型、内存管理、进程管理、网络协议栈。Linux 内核同时是硬件和软件堆栈之间的硬件抽象层，这一层主要实现硬件的驱动，如 USB 驱动、电源驱动、显示驱动等。

Android 系统的安全机制中，最重要的设计是第三方应用程序在默认情况下，没有权限对其他应用程序、操作系统和用户执行有害的操作，这样的安全机制主要体现在对系统上的文件进行读写、删除、更改等操作时，不同的应用具有不同的操作等级。具体的安全机制如下。

（1）进程保护。程序只能在自己的进程空间，与其他进程完全隔离，从而实现进程之间互补干扰。在同一个进程内部可以任意切换到活动（activity），但在不同的进程中，例如，A 进程中的当前活动启动 B 进程中的某个活动，系统会报出异常，原因是进程保护机制。

（2）权限模型。Android 要求用户在使用 API 时进行权限声明，因此，使用一些敏感的 API 时，系统会对用户进行风险提示，由用户选择是否安装。声明在 AndroidManifest.xml 文件中进行设置，其中主要有四种模式：

```
Context.MODE_PRIVATE    //仅能被创建的应用访问
Context.MODE_APPEN      //检测存在的文件，就在文件后面追加内容
Context.MODE_READABLE    //当前文件可以被其他应用读取
Context.MODE_WRITEABLE   //当前文件可以被其他应用写入
```

若是希望能被其他应用读和写，可以写成 OpenFIleOutput（"xxx.txt"，Context.MODE_READABLE+Context.MODE_WRITEABLE）的形式。

同时，权限声明通过 Protected Level 分为 4 个等级：Normal、Dangerous、Signature、Signatureorsystem。不同的保护等级表示程序要使用此项权限时的认证方式。Normal 的权限只要申请就可以使用；Dangerous 的权限在用户安全时，取得用户的确认才可以使用；Signature 的权限可以让应用程序不弹出确认提示；Sig-

natureorsystem 的权限需要第三方应用程序开发者的应用和系统使用同一个数字
证书，即开发应用程序时，获得平台签名。Dangerous 是常用的权限，用户在安装
应用程序时，一般情况下都会显示应用使用了哪些权限。

2. Windows Phone 7 操作系统

Windows Phone 7 是微软推出的智能手机操作系统，它是一个 32 位操作系统，
双层架构，由内核层和用户层组成。应用进程被分配 2GB 内存，其中虚拟内存
可达 1GB，内核也被分配 2GB。Windows Phone 7 的系统内核还是 Windows CE，
它基于 Windows CE 6.0 R3 版本，从这个层面来讲操作系统内核基本没有变化，
主要是 Shell 和 Application Layer 的东西有较大变化，Application Layer 采用了 .NET
架构托管的环境 CLR，有两种编程架构，即 Silverlight 和 XNA。Windows Phone
由硬件层、内核层、系统层和应用层组成，Windows Phone 7 系统软件架构如
图 4-6 所示。

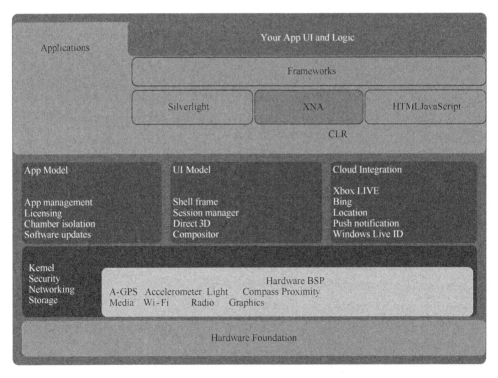

图 4-6　Windows Phone 7 系统软件架构

Windows Phone 7 的开发环境中，主要是 Silverlight 应用，对于没有接触过

XAML 的开发人员来说，深刻理解它需要一个过程，因为它和 WinForm 的界面表达方式不一样。在 Silverlight 中，Logical Tree 和 Visual Tree 是非常重要的环节，XAML 通过 XML 的方式来构造对象，每个 XML 中的 XmlElement 元素都可以在.NET 架构中找到相应的类。每个 Silverlight 应用程序由多个页构成，后退键可以在程序内部的不同页面跳转，或者在不同程序间跳转。Stack 方式有助于开发人员理解 Windows Phone 7 的 Page Navigation。

Windows Phone 7 的软件结构体系主要由两部分组成，即 Screen 部分和 Cloud 部分。而 Screen 部分和 Cloud 部分又分别由不同的部分组成，Screen 部分由"Tool and Support"和 Runtimes 组成，Cloud 则由"Developer Portal Services"和"Cloud Service"组成。Screen 部分可以理解为本地，Cloud 部分可以理解为云端，它们都是 Windows Phone 7 软件体系中不可缺少的部分。Screen 部分中的"Tool and Support"是开发应用所必需的开发工具和技术支持，Runtimes 则是开发应用的框架，提供所需要的 API 和功能。Windows Phone 7 提供了两种框架，分别是 Silverlight 框架与 XNA 框架。

Silverlight 框架是以 XAML 文件为基础的应用程序设计框架，用来开发基本应用、网络应用、多媒体应用和控件。XNA 框架用来开发基础的游戏设计框架，主要用来开发 2D 游戏、3D 游戏和游戏控件。Silverlight 框架和 XNA 框架都是.NET 平台上的应用程序开发架构，能够有效地协助开发人员开发应用程序，而且开发人员只要稍微修改现有的 Silverlight 应用程序或 XNA 应用程序，就可以将 Silverlight 应用程式或 XNA 应用程式移植到 Windows Phone 7 上执行。Cloud 部分中的 Developer Portal Services 是开发者开发应用程序所必需的注册账号、认证、发布、更新管理以及 Market Place 的付费管理，由于 Windows Phone 7 开发必须拥有注册账号才能进行真机测试，否则只能在模拟器上进行测试。Cloud Service 则是云端服务所需要的服务器 API。

Windows Phone 7 的基本安全特性中，由于它没有继承 Windows Mobile 的开放性，而是学习了 iPhone 的封闭性，Windows Phone 7 的应用程序模型只支持第三方应用程序在前台运行，不支持后台应用。这在一定程度上降低了系统的风险，与此同时，也会给用户带来很大的威胁，因为第三方应用程序很难实现流量监控、短信拦截、病毒实时监控等功能。从 API 开发层来看，开发者不能开发涉及手机摄像头的应用程序；不能对定制个性化的应用程序界面进行；涉及系统类的应用必须使用系统提供的界面运行；开发者必须通过 Zune 同步功能将开发好的应用程序发送到手机上。

Windows Phone 7 没有提供 SMS、Phone、Email、Camera 的 API，打电话、发送短消息都需要用户确认才能执行操作，这会导致一些特色应用无法实现，但开发者可以通过 Task 调用系统任务，来实现期望实现的功能。

1）Windows Phone 7 的安全模型

（1）Windows Phone 7 的安全原则给予最小权限和隔离原则，同时引入 Chamber 的概念，Chamber 可以理解为独立的模块，与其他模块隔离，Windows Phone 7 中 Chamber 分为四层，权限从高到低分别如下。

TCB（trusted computing base）：这一层处于内核模式，主要设计内核和内核设备驱动等，具有的权限比较大。

ERC（elevated rights chamber）：主要是服务程序以及用户模式驱动。

SRC（standard rights chamber）：为预装的微软应用而设计的层。

LPC（least privileged chamber）：专为第三方应用程序预装的应用商店下载的应用而设计的，具有最小的权限。

（2）强制代码签名和代码检测。对于 Windows Phone 7 系统上的应用，用户只能通过应用程序商店下载安装，它不支持其他安装方式，这一封闭性与苹果的 AppStore 相似。这样可以有效地杜绝盗版软件，保护开发者的版权。在 Windows Phone 7 上的应用想要发布，必须经过微软的代码签名，与之前的版本有较大的差异。微软还提供了一系列工具用于设计和检测代码，如 Microsoft SDL Threat Modeling Tool、FxCop 和 BinScope 等。

2）Windows Phone 7 开发流程

Windows Phone 7 应用开发的流程如图 4-7 所示。

应用中心是开发的起点，开发人员可以首先注册一个 Windows Live ID，然后申请获得 Windows Phone SDK 和相关许可材料，开发应用程序使用 Visual Studio 和 Expression Blend。这将是一个单一的下载，其中包含开发建立一个 Windows Phone 应用程序需要的一切。开发商也可以注册使用作为测试硬件验证的应用程序，任何零售的 Windows Phone 可以注册为测试设备。一旦开发商已签署成为 Windows Phone 开发和已安装的开发工具，就可以开始开发应用程序。在 Visual Studio 或 Expression Blend 中创建的用于 Silverlight 基于 XAML 的应用程序的可视化设计。由此产生 XAML 文件包含标记，然后由 Silverlight 演示的 Windows Phone 应用平台的发动机和其他部件解释。开发者可以合并成一个单一的应用程序的 Silverlight 和 XNA 框架。Visual Studio IDE 是用来编写托管代码中定义的所有 Windows Phone 应用程序的可视化行为。当应用程序完成后，创建一个包，其中包含应用程序需要的一切。对于创建的 Windows Phone 应用程序，开发人员可以在手机上或在 Windows Phone 模拟器调试程序。调试应用程序包括有针对性地调试平台创建一个包，然后使用 Visual Studio 部署包。呼叫堆叠行走，表达评价，源代码步进和变量监视窗口都支持。应用程序调试完成后，开发人员可以将应用.xap 文件发布到 Windows Phone 市场，向开发商提交.xap 文件。.xap 文件是一个压缩文件，其中包含应用程序所需的所有信息，这包括应用程序图标、开始磁贴、元数据，并许可条款的决定如何使用他们的程序。Windows Phone 应用程序发布到 Windows Phone 市场后，开发人员使用应用集线器来管理应用程序的版本报价。

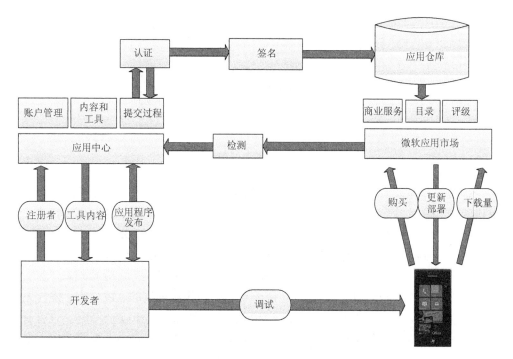

图 4-7　Windows Phone 7 应用开发流程

此外，Windows Phone 7 还具备进程隔离、应用数据隔离等功能，并支持 SSL（secure socket layer）与 HTTPS 等加密传输协议。为了保护用户的隐私，Windows Phone 7 加强数据加密、SD 卡保护、严格控制 PC 和手机的数据传输、支持远程管理和防丢失保护机制、支持密码学接口以及证书管理。

3. IOS 操作系统

IOS 是由苹果公司开发的操作系统，最初是为 iPhone 用户而设计的，后来陆续转移到 iPod touch、iPad 以及 Apple TV 产品上。类似 Mac OS X 操作系统，以 Darwin 为基础。原本这个系统名为 iPhone OS，直到 2010 年 6 月 7 日在 WWDC 大会上宣布更名为 IOS。IOS 的系统架构分为四个层次：核心操作系统层（core OS layer）、核心服务层（core services layer）、媒体层（media layer）、可轻触层（cocoa touch layer），见图 4-8。

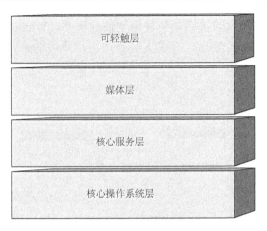

图 4-8　IOS 系统架构

核心操作系统层：是用 FreeBSD 和 Mach 所改写的 Darwin，是开源、符合 POSIX 标准的一个 UNIX 核心。这一层包含或者说是提供了整个 iPhone OS 的一些基础功能，如硬件驱动、内存管理、程序管理、线程管理（POSIX）、文件系统、网络（BSD socket），以及标准输入/输出等，所有这些功能都会通过 C 语言的 API 来提供。另外，值得一提的是，这一层最具有 UNIX 色彩，开发者希望将 UNIX 上所开发的程序移植到 iPhone 上，会使用到核心操作系统层的 API。核心操作系统层的驱动也提供了硬件和系统框架之间的接口。然而，出于安全考虑，只有有限的系统框架类能访问内核和驱动。iPhone OS 提供了许多访问操作系统底层功能的接口集，iPhone 应用通过 LibSystem 库来访问这些功能，访问这些接口线程（POSIX 线程）、网络、文件系统访问、标准 I/O、Bonjour 和 DNS 服务、现场信息（locale information）、内存分配等。

核心服务层在核心操作系统层的基础上提供了更为丰富的功能，它包含了 Foundation.framework 和 CoreFoundation.framework，之所以称为 Foundation，就是因为它提供了一系列处理字串、排列、组合、日历、时间等基本功能。Foundation 是属于 Objective-C 的 API，CoreFundation 是属于 C 的 API。另外核心服务层还提供了其他功能，如 Security、CoreLocation、SQLite 和 AddressBook。其中 Security 是用来处理认证、密码管理、安全性管理的；CoreLocation 是用来处理 GPS 定位的；SQLite 是轻量级的数据库，而 AddressBook 则用来处理电话簿资料，下面具体介绍。

电话簿框架（AddressBook.framework）：提供了保存在手机设备中的电话簿编程接口。开发者能使用该框架访问和修改存储在用户联系人数据库里的记录。例如，一个聊天程序可以使用该框架获得可能的联系人列表，启动聊天的进程（process），并在视图上显示这些联系人信息等。

核心基础框架（CoreFoundation.framework）：基于 C 语言的接口集，提供 iPhone 应用的基本数据管理和服务功能。该框架支持 Collection 数据类型（Arrays、Sets 等）、Bundles、字符串管理、日期和时间管理、原始数据块管理、首选项管理、URL 和 Stream 操作、线程和运行循环（run loops）、端口和 Socket 通信等功能。核心基础框架与基础框架是紧密相关的，它们为相同的基本功能提供了 Objective-C 接口。如果开发者混合使用 FoundationObjects 和 CoreFoundation 类型，就能充分利用存在于两个框架中的 toll-free bridging。toll-free bridging 意味着开发者能使用这两个框架中的任何一个的核心基础和基础类型。

CFNetwork 框架（CFNetwork.framework）是一组高性能的 C 语言接口集，提供网络协议的面向对象的抽象。开发者可以使用 CFNetwork 框架操作协议栈，并且可以访问低层的结构（如 BSD Socket 等）。同时，开发者也能简化与 FTP 和 HTTP 服务器的通信，或解析 DNS 等任务。

核心位置框架（CoreLocation.framework）：主要用于获得手机设备当前的经纬度，核心位置框架利用附近的 GPS、蜂窝基站或 WiFi 信号信息测量用户的当前位置。iPhone 地图应用使用这个功能在地图上显示用户的当前位置。开发者能融合这个技术到自己的应用中，给用户提供一些位置信息服务。例如，可以提供一个服务：基于用户的当前位置，查找附近的餐馆、商店或设备等。

安全框架（Security.framework）：iPhone OS 除了内置的安全特性外，还提供了外部安全框架，从而确保应用数据的安全性。该框架提供了管理证书、公钥/私钥对和信任策略等的接口。它支持产生加密安全的伪随机数，也支持保存在密钥链的证书和密钥。对于用户敏感的数据，它是安全的知识库（secure repository）。CommonCrypto 接口也支持对称加密、HMAC 和数据摘要。在 iPhone OS 里没有 OpenSSL 库，但是数据摘要提供的功能在本质上与 OpenSSL 库提供的功能是一致的。

SQLite：iPhone 应用中可以嵌入一个小型 SQL 数据库 SQLite，而不需要在远端运行另一个数据库服务器。开发者可以创建本地数据库文件，并管理这些文件中的表格和记录。数据库 SQLite 为通用的目的而设计，但仍可以优化为快速访问数据库记录。访问数据库 SQLite 的头文件位于＜iPhoneSDK＞/usr/include/sqlite3.h，其中＜iPhoneSDK＞是 SDK 安装的目标路径。

支持 XML，基础框架提供了 NSXMLParser 类，用于解析 XML 文档元素。libXML2 库提供了操作 XML 内容的功能，这个开放源代码的库可以快速解析和编辑 XML 数据，并且转换 XML 内容到 HTML。访问 libXML2 库的头文件位于目录＜iPhoneSDK＞/usr/include/libxml2。

媒体层提供了图片、音乐、影片等多媒体功能。图像分为 2D 图像和 3D 图像，前者由 Quartz2D 来支持，后者则是用 OpenGL ES。与音乐对应的模组是 Core Audio

和 OpenAL，Media Player 实现了影片的播放，还提供了 Core Animation 来提供对强大动画的支持。具体介绍如下。

图像技术（graphics technologies）：高质量图像是所有 iPhone 应用的一个重要的组成部分。任何时候，开发者都可以采用 UIKit 框架中已有的视图和功能以及预定义的图像来开发 iPhone 应用。然而，当 UIKit 框架中的视图和功能不能满足需求时，开发者可以应用 Quartz、核心动画（core animation）和 OpenGL ES 来制作视图。核心图像框架（CoreGraphics.framework）包含了 Quartz 2D 画图 API，Quartz 与在 Mac OS 中采用的矢量图画引擎是一样先进的。Quartz 支持基于路径（path-based）画图、抗混淆（anti-aliased）重载、梯度（gradients）、图像（images）、颜色（colors）、坐标空间转换（coordinate-space transformations）、pdf 文档创建、显示和解析。虽然 API 是基于 C 语言的，它采用基于对象的抽象表征基础画图对象，使得图像内容易于保存和复用。Quartz 核心框架（QuartzCore.framework）包含 CoreAnimation 接口，核心动画是一种高级动画和合成技术，它用优化的重载路径（rendering path）实现复杂的动画和虚拟效果。它用一种高层的 Objective-C 接口配置动画和效果，然后重载在硬件上获得较好的性能。核心动画集成了 iPhone OS 的许多部分，包括 UIKit 类（如 UIView），提供了许多标准系统行为的动画。开发者也能利用这个框架中的 Objective-C 接口创建客户化的动画。OpenGL ES 框架（OpenGLES.framework）符合 OpenGL ES v1.1 规范，它提供了一种绘画 2D 和 3D 内容的工具。OpenGL ES 框架是基于 C 语言的框架，与硬件设备紧密相关，为全屏游戏类应用提供高帧率（high frame rates）。开发者总是要使用 OpenGL 框架的 EAGL 接口，EAGL 接口是 OpenGL ES 框架的一部分，它提供了应用的 OpenGL ES 画图代码和本地窗口对象的接口。

音频技术（audio technologies）：iPhone OS 的音频技术为用户提供了丰富的音频体验，包括音频回放、高质量的录音和触发设备的振动功能等。iPhone OS 的音频技术支持 AAC、Apple Lossless（ALAC）、A-law、IMA/ADPCM（IMA4）、Linear PCM、μ-law 和 Core Audio 等格式。

视频技术（video technologies）：iPhone OS 通过媒体播放框架（MediaPlayer. framework）支持全屏视频回放。

可轻触层是最上面一层，它是 Objective-C 的 API，其中最核心的部分是 UIKit.framework，应用程序界面上的各种组件全部是由它来提供呈现的，除此之外，它还负责处理屏幕上的多点触摸事件、文字的输出、图片和网页的显示、相机或文件的存取，以及加速感应的部分等，具体包含的内容如下。

UIKit 框架（UIKit.framework）包含 Objective-C 程序接口，提供实现图形、事件驱动的 iPhone 应用的关键架构。iPhone OS 中的每一个应用采用这个框架实现应用管理、图形和窗口、触摸事件处理、用户接口管理等核心功能。此外，它还提供用来表征标准系统视图和控件的对象，并支持文本和 Web 内容，通过 URL 模式与其他应用集成。

基础框架（foundation framework）支持 Collection 数据类型、Bundles、字符串管理、日期和时间管理、原始数据块管理、首选项管理、线程和循环、URL 和 Stream 处理、Bonjour、通信端口管理等功能。

电话簿 UI 框架（address book UI framework）是一个 Objective-C 标准程序接口，主要用来创建新联系人，以及编辑和选择电话本中存在的联系人。它简化了在 iPhone 应用中显示联系人信息，并确保所有应用使用相同的程序接口，保证应用在不同平台的一致性。

用户最关心的是 iPhone 平台提供怎样的安全机制来保护用户的终端和个人信息安全。iPhone 相对于以前的版本是完全封闭的，封闭带来安全的同时也存在一定的隐患。它的安全机制主要体现在设备保护和控制、数据保密、安全通信和安全的应用平台四方面。

设备保护和控制又分为密码策略、设定安全策略、安全设备配置和设备限制四部分。iPad 支持用户从一系列密码设计策略中根据安全需求来进行选择，包括超时设定、密码长度以及密码更新周期等。iPad 支持 Microsoft Exchange ActiveSync 的密码策略，如最小密码长度、最大密码尝试次数、密码设定需要数字和字母组合、密码的最大非活动时间等。另外，iPad 还支持 Microsoft Exchange Server 2007 中的密码策略，如允许或禁止简单密码、密码超时、密码历史、策略更新间隔、密码中复杂字母的最小数量等。在 iPad 中有两种方法可以对安全策略进行设定。如果设备配置为可访问 Microsoft Exchange 帐户，则 Exchange ActiveSync 的相应策略直接会推送到设备上，不需要用户设置；另外，用户可以通过配置文件的方式来对配置进行部署和安装。值得注意的是，删除该配置需要管理员密码。iPad 通过 XML（extensible markup language）格式的配置文件来对设备的安全策略和限制、VPN（virtual private network）配置信息、WiFi、邮件等进行设定。iPad 对配置文件提供了签名和加密保护。设备限制规定了用户可以访问和使用 iPad 的哪些特征，换句话说，设备限制主要是为了帮助企业来规范和限定雇员可以在企业环境中使用 iPad 的哪些指定服务。通常这些限制包括一些网络应用程序，如 Safari、YouTube、iTunes Store 等。当然，限制也可以包括是否允许安装应用程序等。

数据保护由加密、远程和本地信息删除组成。iPad 提供了 256 位的 AES 硬件加密算法来保护设备中的所有数据，并且加密是强制选项，不能被用户取消。iPad 支持远程信息清除，当 iPad 为用户遗失或者被盗的情况下，管理员或者设备所有者可以触发远程信息清除命令，从而将设备上的数据进行消除并反激活设备，以保证数据安全。iPad 同时支持本地信息清除，用户可以配置经过多次密码尝试失败后，iPad 自动启动本地信息消除操作。默认情况下，10 次密码尝试失败后，iPad 将启动该机制。

安全网络通信通过 VPN、SSL/TLS 和 WPA/WPA2 来实现。iPad 支持主流的 VPN 技术，包括 Cisco IPSec、L2TP 和 PPTP，以确保手机通信内容的安全。同时，iPad 也支持网络代理配置。另外，为了支持对现有 VPN 环境的安全访问，iPad 支持基于标准 X.509 数字证书的认证，还支持基于 RSA SecureID 和 CRYPTOCard 的认证等。iPad 支持 SSL v3 以及 TLS（transport layer security）v1。Safari、Calendar、Mail 等其他互联网应用都会自动地使用这些安全机制来保证 iPad 和其他应用间的通信安全。iPad 支持 WPA（WiFi protected access）/WPA2 认证方式通过 WiFi 接入企业网络。WPA2 采用 128 位 AES 加密方式。同时，iPad 支持 80.2.1x 协议簇，因此也能应用于基于 RADIUS 认证的环境。

安全的 IOS 平台体现在平台上的运行时保护、应用的强制签名和安全认证框架。运行在 iPad OS 上的应用程序遵循"沙箱"安全原则，即不能够访问其他应用程序的数据。另外，系统文件、资源以及内核都与用户应用程序相隔离。若应用程序要访问其他程序的数据，则必须通过 iPad OS 提供的 API 进行访问。所有的 iPad 应用程序都必须签名，设备上自带的程序都由 Apple 公司签名，第三方应用程序都必须由开发者使用 Apple 公司颁发的数字证书签名。iPad 提供了一个安全、加密的认证框架来存储数字标识、用户名和密码，以此来保证 iPad 对多种应用和服务的安全认证。

## 4.2　终端安全威胁

随着 3G 技术的广泛应用，移动互联网正处于快速发展时期。全球的移动互联网已经发展成为与传统互联网均分市场占有额的规模，但移动互联网的开放性、普及性和互联性使得移动互联网终端面临着传统互联网的安全问题，如系统漏洞、木马攻击、恶意代码、钓鱼欺诈等；同时，由于移动终端的移动性以及涉及个人信息的特性，其隐私性更加受到关注，移动互联网终端面临着如电话短信骚扰、个人隐私泄露等诸多新问题。

### 4.2.1　终端信息安全问题

移动互联网终端包括上网本、MID、智能手机、平板计算机等，其中以智能手机为代表的移动终端正以一种不可阻挡的趋势广泛应用于个人和商务领域。早期的手机上网速度很慢，以此作为移动互联网的终端，用途无法施展。但是在 3G 时代，网络连接速度已经不再是制约手机上网的主要因素，随着智能手机等移动终端功能日趋强大和存储空间的不断拓展，这些移动终端在移动互联网领域逐渐占据主导地位。作为移动互联网的关键终端，手机中往往存储着用户的个人短信、通讯录、照片等重要的隐私信息，甚至还有一些在线支付信息、银行账号等，这些信息一旦泄露，将会给用户带来巨大的损失。这属于移动互联网终端信息安全的范畴，而移动互联网终端信息安全主要由信息自身安全和信息内容安全组成。移动互联网终端信息安全主要是指存储在终端，包括通讯录中的联系人信息、通话记录、用户收发的短信和彩信内容、SIM 卡上的信息、用户存储的图片和文档等用户隐私信息不被他人非法窃取。用户的信息在传输过程中，可以保证完整性、可用性、保密性。用户终端信息安全的保护机制主要通过终端上的信息访问授权、修改设置权限、存储加密、预防非法入侵等。

目前，移动终端信息安全的威胁主要是由恶意软件的入侵引发的。在手机上的应用软件不断涌现之前，手机系统中就隐藏着一些恶意软件，对用户的终端进行入侵。这些恶意软件或者是出于经济利益，如盗打电话（悄悄地拨打声讯电话）、恶意订购网络服务业务、群发短消息、收发垃圾邮件，开启数据下载等；或者是出于机密信息的目的，如电子窃听通话内容、恶意转发用户敏感和重要隐私信息。移动终端恶意软件主要分为蠕虫、木马、感染型恶意软件和恶意程序。

（1）蠕虫是一种复制自身在互联网环境下进行传播的恶意软件，病毒的传染能力主要是针对操作系统和应用程序提供的功能和漏洞进行攻击。蠕虫病毒是恶意软件和黑客技术结合的产物，其隐蔽性和破坏性比一般的恶意软件强，通过蓝牙和邮件等手段，它可以快速地蔓延到整个网络上，给用户造成财产损失和系统资源消耗，典型的蠕虫病毒有 Carbir 和 VBS/LoveLetter.A 蠕虫等。

（2）木马也称为黑客程序或后门恶意软件，它的主要特征是运行时很隐蔽，一般是伪装成后台程序运行，或者是自动运行。其在系统启动时便可以自行启动，自动恢复，利用自身可以保存多份副本，甚至是自动联网升级，通过打开特定的端口传输系统上的用户数据。木马病毒一般通过网络下载数据时潜入用户的系统。当前的黑客组织正朝着商业化的趋势发展，木马的开发目的也从炫耀技术演变成窃取移动终端的用户个人信息或商业机密并转手贩卖。典型的木马病毒是 Fontal 木马。

（3）系统感染恶意软件的具体表现是病毒将恶意代码植入其他应用程序或者数据文件中，以达到散播传染的目的，主要通过网络下载这一途径进行传播。此类病毒主要针对用户的数据，很难清除，典型代表是 WinCE4.dust。

（4）恶意程序转置是针对移动终端的操作系统进行软硬件破坏的程序，常见的破坏方式是删除重要的系统文件或者数据文件，或者是更改文件中的重要参数，造成用户数据丢失或者系统不能正常启动，甚至使得系统不停地调度某个任务，造成系统资源的大量消耗和空间占用。网络下载是主要的传播手段，典型代表是Doomboot。

### 4.2.2 终端环境安全威胁

手机等移动互联网终端属于信息技术和电信终端设备,在用户购买并使用之前必须保证符合电磁兼容(EMC)和电器安全(CCC)在内的中国强制要求;移动互联网终端使用无线技术接入,也必须符合无线电管理局(SRRC)的型号核准认证(TYC);手机等移动互联网终端应符合包括网络安全在内的工信部的通信入网认证(NAL)。此外,移动互联网终端多为智能设备,基本都具备操作系统,存在与计算机操作系统类似的系统漏洞问题、平台和存储空间的局限性。

移动互联网终端的业务应用通常用于终端配合网络设备,确保合法用户可以正常使用,防止业务被盗用、冒名使用等,防止包括用户密码在内的隐私信息泄露,在承诺范围内随时使用,防范 DDoS(distributed denial of service)等攻击,进行必要的加密、隔离等手段,保障通信内容安全。移动互联网使用移动通信网作为接入手段,终端相关的接入安全在设备和环境安全中考虑。因此,移动互联网终端环境的安全是移动互联网终端安全的重要因素之一。

移动互联网终端环境安全威胁主要包括以下几方面。

(1)手机丢失或被盗:手机具有体积小、携带便利的优势,同时也带有易丢失的缺点。手机上存储的个人信息大都属于私密信息,因为手机被盗或丢失造成的隐私信息泄露更危险。

(2)非法使用手机:由于用户忽视手机使用过程的安全问题,极易出现他人非法获得权限进而操作用户手机的情况,与此同时,用户的个人数据和隐私信息也会悄悄地通过网络传播出去。

(3)终端位置的暴露:移动互联网终端时刻保持与网络连接,终端的位置时时处于被监控的状态,如一些恶意程序的侵入、随意播放商业广告、自动收发电子邮件、随意扣除终端费用等,或者是插入某些芯片窃听谈话内容等。这样的行为不仅使用户没有安全可言,更严重的是侵犯了用户的个人隐私和经济利益。

综上所述,以上任意一种威胁都将给用户带来不可挽回的灾难,给用户的生活和工作带来不可修复的损失。因此,保护移动终端安全将成为移动互联网终端首先需要考虑的问题。

### 4.2.3 智能终端安全技术的研究

智能终端所面临的安全问题最终是反映在智能终端不同层面上的,因此要解决终端安全问题首先需要弄清楚终端层次的划分,通过对智能终端架构的分析,在此提出智能终端安全架构图,如图4-9所示。

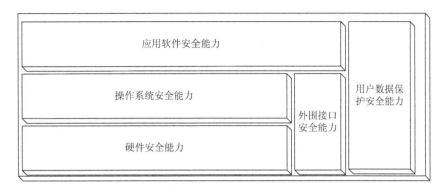

图 4-9　智能终端安全能力架构

根据上述层级架构，可以分别在各层次上通过不同的技术实现不同的安全指标，具体如下所述。

硬件安全目标：对芯片级保证移动通信终端内部内存、Flash 以及基带等安全。确保硬件内不被嵌入其他恶意芯片，如窃听、跟踪等微调芯片。

操作系统安全目标：对该智能终端所用操作系统进行的一切操作是在用户知情的情况下进行的，不会出现因为恶意代码的插入而随意扣费或者任意打开某站点的可能。

外围接口安全目标：顾名思义，所谓的安全接口指无限外围接口和有限外围接口，它主要确保数据传输的安全性、可靠性、稳定性等。

应用软件安全目标：主要是防止某些流氓软件或者植入病毒软件的入侵，以及对未授权应用软件权限的控制等。

用户数据保护安全目标：确保用户对数据的正确操作，对于那些被非法访问、获取、篡改的数据可以及时截获。与此同时，还需要保证用户数据的可靠恢复。

当然，知道安全指标各个层次之后，下面需要比较一下智能终端与传统 PC 在安全防护技术上的区别。

由于现在移动终端设备内存容量和 PC 不在同一个数量级上，加之终端处理器和 PC 更是无法匹敌，所以当前用于 PC 的技术并不能通过简单的改造移植到终端上。

移动终端不能像 PC 那样安装各种安全软件来防止恶意软件的入侵，这为木马病毒传播提供了途径。

移动终端最大的特点是"永远在线"，所以窃听、监视、攻击行为更是防不胜防。

毕竟移动终端是依靠电池维持的，因此在设计安全防护方法时，降低能耗也是技术人员需要考虑的因素。

# 4.3　目前的终端防护技术

任何一种类型的终端安全威胁都会给移动互联网终端安全造成灾难性的后果，除了对移动终端用户的财产造成不可估量的损失外，还会影响用户正常的生活和工作。因此，对移动互联网终端进行安全防护已经成为推动移动互联网持续发展的研究热点和关键因素。

目前，在工业界，很多杀毒厂商都推出了移动版杀毒软件，如 360、McAfee、Norton 等，但是它们的核心技术仍然停留在特征码检测方法上；在智能终端操作系统方面，大多数生产厂商都加强了权限控制，例如，在 Symbian 操作系统中，程序必须有相应的权限证书证明才允许运行。在学术界，学者专家在恶意软件入侵方面也进行了卓有成效的研究，并取得了不少成果。例如，Bose 等提出了一种行为检测框架，用以检测蠕虫、木马等的存在，该框架通过训练一个基于支持向量机（support vector machines，SVM）的分类器来辨别异常行为。Enck 等也研究出了一种针对 Android 系统的程序安全验证方法，通过进行恶意软件特征规则的分析，进而在程序的安装阶段发现并及时清除恶意软件。Bickford 等对于恶意软件检测带来的移动终端外耗问题也提出了见解，从攻击监控范畴和移动恶意软件扫描频率考虑，提出了一种基于安全和能耗权衡的方法，仅需少量的能耗就能检测出绝大多数已知恶意软件的进攻。对上述技术感兴趣的读者可以参考有关文献深入学习。尽管如此，移动互联网终端安全防护技术研究还处于起步阶段，还未建立健全稳定的防护体系，本节在深入分析移动互联网终端面临的威胁以及当前已有的一些开发技术后，对如何应对移动互联网终端安全威胁进行了研究，提出控制终端网络接入，实现终端隐私加密备份与主动防御以及终端防盗一体化的移动互联网终端安全防护技术。

## 4.3.1　终端访问网络控制

移动互联网的网络接入控制包括移动终端防火墙、反垃圾邮件等方面的内容。移动互联网终端防火墙类似于个人计算机中的防火墙，控制在移动网络中不同信任程度区域间传递的数据流，过滤一些攻击，关闭不经常使用的端口。禁止特定端口的留出通信，封锁病毒的入侵，拒绝来自特殊站点的访问。实现最大限度地阻止移动互联网的黑客入侵移动终端。反垃圾邮件可以让移动终端用户避免处理垃圾邮件的时间浪费，可以避免垃圾邮件对系统资源的占用，同时能避免因垃圾邮件携带病毒带来的安全问题。网络接入控制是对接入其他网络进行认证以及接入网络后所传输的数据加密，对终端安全具有一定的防护作用。

一般企业部署手持移动终端，其管理方向会像企业管理 PC 终端一样，不希望信息通过网络手段或者物理手段加以外传，这是众多企业越来越重视的问题。移动终端网络范围的不确定性导致无法使用一个局域链路将终端的使用限制起来。移动终端对网络接入进行控制主要是通过移动终端的接口进行封堵，以实现对资源的控制。

## 4.3.2 终端主动防御方式

如今的手机不仅充当让用户连接到网络的工具，同时也是一个携带用户大量私密信息的设备，保护个人私密信息、监控手机的使用流量及通信情况因此变得十分重要。主动防御方式通过流量监控和短信拦截实现用户拥有防御终端面临的威胁的主动权。主动防御模式中骚扰拦截功能实现的效果如图 4-10 和图 4-11 所示。

图 4-10　已拦截电话　　　　　　　　　图 4-11　已拦截信息

主动防御方式的目的是通过软件的介入，实现用户对终端上指定号码的短信进行拦截以及对手机流量使用情况的监测。在实现的短信拦截模块：主动防御方式实现了手动开启和关闭短信拦截，当用户开启短信拦截功能时，对含有指定关键字的短信进行拦截，并对拦截记录进行查看和清除。用户可以随意添加新的拦截号码，删除已有的拦截号码，同时实现对该号码的通话拦截，以及对拦截情况的查看和清除。

在流量监控中采用加密文件的形式存储流量记录及上限，如图 4-12 和图 4-13 所示，读取速度快、安全、有效。实现的短信拦截功能对输入的电话号码没有限制，可进行频繁操作，该功能反应时间短，性能良好。

图 4-12 设置流量上限界面

图 4-13 查看流量使用情况界面

### 4.3.3 隐私加密备份模式

隐私加密备份模式中隐私保护模块主要实现对涉及个人隐私的应用程序（如通讯录、短消息、电子邮件等应用程序）加锁。数据备份功能侧重于对通讯录中的联系人信息进行复制，形成用户文件保存至本地主机和上传至远程服务器。当用户需要时，从本地或者远程服务器下载用户文件，通过文件的读写操作完善通讯录中缺漏的联系人信息。

其中的隐私保护模块又分为用户登录、密码管理、应用程序加锁与解锁四个模块。数据备份要实现的功能主要有用户登录、数据备份、数据恢复。而隐私保护模块的核心之处在于采用在后台运行的服务（运行于应用程序进程的主线程内）来处理用户执行的加/解锁操作，当用户需要执行其他操作时，可以关闭这个应用程序，只要之前开启了服务，加之服务在 Linux 系统调度中优先级比较高，当系统需销毁进程来释放内存时，优先考虑的不会是服务，所以加锁功能仍有效，也不会对其他组件和用户界面有任何干扰，即该模块性能良好。数据备份模块由于使用 HTTP 传输文件，对文件的大小有一定的限制。本程序设置允许上传的文件最大为 4MB，因此用户一次性上传的文件不能过大。隐私保护功能实现的效果如图 4-14～图 4-17 所示。

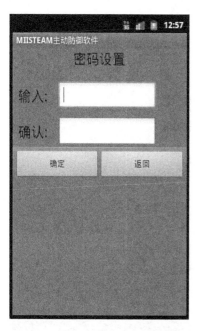

图 4-14　密码设置/修改界面

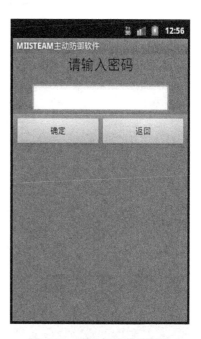

图 4-15　隐私保护登录界面

图 4-16　加锁界面

图 4-17　解锁界面

数据备份模块实现效果如图 4-18～图 4-21 所示。

图 4-18　用户身份验证界面

图 4-19　数据备份登录操作界面

图 4-20　数据备份

图 4-21　数据恢复

### 4.3.4　终端防盗方案

终端防盗方案主要针对现实生活中手机丢失或被盗的情况而设计。当用户的终端发生丢失或是被盗情况时，具备终端防盗能力的应用软件迅速通过短信向安全终端汇报，然后拦截来自安全终端的命令短信，并检测终端状态信息和执行锁屏操作。这一终端防盗方案增强了保护终端安全的能力，有效地减少了终端丢失或被盗对用户造成的经济损失和不利影响。

终端防盗方案中的后台监测模块紧随系统自动启动，并实时监测移动终端的状态信息。一旦终端状态信息发生异常情况，如 SIM 卡被更换、手机号码改变，终端就通过短信的形式向安全终端汇报，并在后续的交互过程中加载终端的当前地理位置，以便终端的主人对终端当前的安全情况作出评估。图 4-22 所示为终端定位信息显示，图 4-23 所示为锁屏效果。

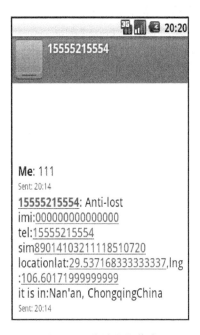

图 4-22　终端定位信息

图 4-23　执行锁屏效果

### 4.3.5　智能终端自带的安全处理机制——Android

#### 1. Android Package 签名原理

Android 中系统和应用程序都是需要签名的，可以自己通过 development/tools/

make_key 来生成公钥和私钥。

Android 源代码中提供了工具./out/host/linux-x86/framework/signapk.jar 来进行手动签名，签名的主要作用在于限制对于程序的修改仅限于同一来源。系统中主要有两个地方会检查，如果是程序升级的安装，则要检查新旧程序的签名证书是否一致，如果不一致则安装失败；对于申请权限的受保护级别为 Signature 或者 Signatureorsystem 的，会检查权限申请者和权限声明者的证书是否是一致的。签名相关文件可以从 apk 包中的 META-INF 目录下找到。signapk.jar 的源代码在 build/tools/signapk 目录下，签名主要有以下几步。

（1）将除去 cert.rsa、cert.sf、manifest.mf 的所有文件生成 SHA1 签名。首先将除了 cert.rsa、cert.sf、manifest.mf 之外的所有非目录文件分别用 SHA1 计算摘要信息，然后使用 Base64 进行编码，存入 manifest.mf 中。如果 manifest.mf 不存在，则需要创建。

（2）根据之前计算的 SHA1 摘要信息，以及私钥生成一系列签名并写入 cert.sf 对整个 manifest.mf 进行 SHA1 计算，并将摘要信息存入 cert.sf 中。然后对之前计算的所有摘要信息使用 SHA1 再次计算数字签名，并写入 cert.sf 中。

（3）把公钥和签名信息写入 cert.rsa 对之前的整个签名输出文件使用私有密钥计算签名。同时，将签名结果以及之前声称的公钥信息写入 cert.rsa 中保存。

### 2. 包的签名验证

安装时对一个包的签名验证的主要逻辑在 JarVerifier.java 文件的 verifyCertificate 函数中实现。其主要思路是通过提取 cert.rsa 中的证书和签名信息，获取签名算法等信息，然后按照之前对 apk 签名的方法进行计算，比较得到的签名和摘要信息与 apk 中保存的是否匹配。

第一步：提取证书信息，并对 cert.sf 进行完整性验证。

（1）找到是否有 dsa 和 rsa 文件，如果找到则对其进行解码，然后读取其中的所有证书列表（这些证书会被保存在包信息中，供后续使用）。

（2）读取这个文件中的签名数据信息块列表，只取第一个签名数据块，读取其中的发布者和证书序列号。

（3）根据证书序列号匹配之前得到的所有证书，找到与之匹配的证书。

（4）从之前得到的签名数据块中读取签名算法和编码方式等信息。

（5）读取 cert.sf 文件，并计算整个签名，与数据块中的签名（编码格式的）进行比较，如果相同则完整性校验成功。

第二步：使用 cert.sf 中的摘要信息，验证 manifest.mf 的完整性。

在 cert.sf 中提取 SHA1-Digest-Manifest 或者 SHA1-Digest 开头的签名数据块（-Digest-Manifest 是整个 manifest.mf 的摘要信息，其他的是 jar 包中其他文件的摘

要信息），并逐个对这些数据块进行验证。验证的方法是，先将 cert.sf 看做很多实体，每个实体包含了一些基本信息，如这个实体中使用的摘要算法（SHA1 等），对 jar 包中的哪个文件计算了摘要，摘要结果是什么。处理时先找到每个摘要数据的文件信息，然后从 jar 包中读取，最后使用-Digest 之前的摘要算法进行计算，如果计算结果与摘要数据块中保存的信息相匹配，就完成验证。

## 4.4　本章小结

移动终端是用户与移动互联网通信的媒介，它具备体积小、便携性强的优点，而且还能对接入网络进行限制，主动防御外部攻击，将用户的隐私数据进行加密与备份。但移动终端的性能、存储空间和资源都有一定的局限性，面对日益增多的恶意软件攻击，黑客频繁窃取用户终端私密信息，以及不断暴露的系统漏洞和病毒方法缺陷，未来的终端安全形势依然严峻。

## 参 考 文 献

罗军舟, 吴文甲, 杨明, 等. 2011. 移动互联网: 终端、网络与服务. 计算机学报, 34(11): 2029-2051.

孙伟. 2013. Android 移动终端操作系统的安全分析. 软件, 34(4): 105-108.

Banuri, H A, Khan M S, et al. 2012. An Android runtime security policy enforcement framework. Personal and Ubiquitous Computing, 16(6): 631-641.

Enck W, Ongtang M, McDaniel P, et al. 2009. Understanding Android security. IEEE Security Privacy, 7(1): 50-57.

Igor P. 2007. New-generation security network with synergistic IP-sensors. Advanced Environmental, Chemical and Biological Sensing Technologies: 675508-1-675508-12.

Jonathan P N, Robert E B, Chad M S, et al. 2012. Implementation of an accelerated assessment process for the terminal high altitude area defense system: Initial operational test and evaluation supporting a production decision. The ITEA Journal, 33(2): 135-144.

Miller C. 2011. Mobile attacks and defense. IEEE Security Privacy, 9(4): 68-70.

Papareddy P, Kalle M, Kasetty G, et al. 2010. C-terminal peptides of tissue factor pathway inhibitor are novel host defense molecules. The Journal of Biological Chemistry, 285(36): 28387-28398.

Terence E D. 2004. Mobile terminal security and tracking. Information Security Technical Report, 9(4): 60-80.

Xue M F, Hu A Q. 2011. A security framework for mobile network based on security services and trusted terminals. 2011 7th International Conference on Wireless Communications, Networking and Mobile Computing: 1-4.

# 第 5 章　移动互联网网络安全

第 4 章详细介绍了移动互联网终端方面的有关知识,本章继续介绍移动互联网体系结构中的另一层——网络层,网络层分为接入网和 IP 承载网,其中接入网主要采用移动通信网、3G 以及 WiFi 等接入方式,IP 承载网主要涉及 IPv4 以及 IPv6 的相关知识。下面分别对网络层所面临的安全威胁及各模块所采取的安全机制作详细介绍。

## 5.1　移动互联网网络安全概述

移动互联网网络分两部分,即接入网和 IP 承载网/互联网。接入网采用移动通信网时涉及基站、基站控制器、无线网络控制器、移动交换中心、媒体网关、服务通用分组无线业务支持节点、网关通用分组无线业务支持节点等设备以及相关链路,采用 WiFi 时涉及接入设备。IP 承载网/互联网主要涉及路由器、交换机、接入服务器等设备以及相关链路。

### 5.1.1　移动互联网网络安全简介

首先,从移动通信角度看,与互联网的融合完全打破了其相对平衡的网络安全环境,大大削弱了通信网原有的安全特性。原有的移动通信网由于网络相对封闭,信息传输和控制管理平面分离,网络行为可溯源,终端的类型单一且非智能,用户鉴权也很严格,使得其安全性相对较高。而 IP 化后的移动通信网作为移动互联网的一部分,这些安全性优势仅剩下了严格的用户鉴权和管理。面对来自互联网的各种安全威胁,其安全防护能力明显降低。

其次,从现有互联网角度看,融合后的网络增加了无线空口接入,同时将大量移动电信设备,如 WAP 网关、IMS 设备等引入了 IP 承载网,从而使互联网产生了一些新的安全威胁。例如,通过破解空口接入协议非法访问网络,对空口传递信息进行监听和盗取,对无线资源和设备的服务滥用攻击等。另一方面,移动互联网中 IP 化的电信设备、信令和协议,大多较少经受安全攻击测试,存在各种可以被利用(如拒绝服务和缓冲区溢出等)的软硬件漏洞,一个恶意构造的数据包就可以很容易地引起设备宕机,导致业务瘫痪。

实际上以上网络安全隐患已经引起了业界的广泛关注。在移动通信技术领域,

3G 以及未来 LTE 技术研究和网络建设部署中，安全保护机制已有了比较全面的考虑，3G 网络的无线空口接入安全保障机制相比 2.5G 提高了很多，如实现了双向认证的鉴权等。另一方面，针对 WiFi 无线网络标准中的有线等效保密协议加密很容易被破解的安全漏洞，WLAN 的标准化组织 IEEE 使用安全机制更完善的 802.11i 标准，用 AES 算法替代了原来的 RC4，提高了加密鲁棒性，弥补了原有用户认证协议的安全缺陷。然而，仅有以上针对认证和空口传输安全的技术标准改进并不足以完全应对移动互联网面对的安全问题。

针对以上安全问题，可采用端到端的加密方式，在应用平台与移动终端之间的网络连接中一直采用 AES256 或 3DES 等加密算法，确保以无线方式传输信息的保密性和完整性。

## 5.1.2　移动互联网网络安全架构

移动互联网网络安全主要包括加密和认证、异常流量控制、网络隔离和交换、信令和协议过滤以及攻击防御与溯源，如图 5-1 所示。

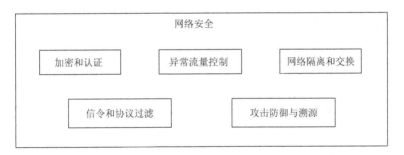

图 5-1　网络安全结构图

1）加密和认证

加密和认证体系可以参考 WPKI 认证体系。WPKI（wap public key infrastructure）借鉴 PKI 标准的主要思想，并针对 WAP 安全规范和移动互联网的特别环境作了必要的改动。WAP 安全规范包括 WAP 传输层安全规范 WTLS、WAP 应用层安全规范、WIM 规范和 WAP 证书管理规范。

（1）数据加密。移动终端和服务器初次通信时，它们通过 WTLS 握手协议商定一组会话状态的密码参数，包括协议版本号、选择密码算法、可选择的相互鉴别，使用公开密钥加密技术生成共享密钥。在应用数据阶段，所生成的共享密钥（预主密钥）将首先被转换成主密钥，主密钥再被转换成加密密钥和 MAC 密钥，加密密钥为客户机和服务器所共有，使用它对传输数据进行对称加密，保证了机密性，并提高了加密速度。移动终端的弱计算力将影响加密算法的选择和实现。由于移动终端 CPU 的处理能力有限，所以椭圆曲线算法（ECC）特别适用于移动互联网公钥体系。

（2）身份认证。在进行安全握手时，服务器的证书会通过无线网络传到移动终端。对无线网络而言，定义一种缩微证书格式是很有必要的，这既能减轻传输负载，也可以减轻移动终端的处理负载。WTLS 证书是 X.509 证书的缩微格式，适用于无线网络环境。电子商务应用需要一种证书取消机制，在无线网络环境下，可以采用短时效证书来实现证书取消。对内容服务器或 WAP 网关依旧采用长时效信用验证，但与有线网络不同的是，在时效期间，不是自始至终用一对密钥。证书颁发机构每天都向内容服务器或 WAP 网关颁发新的证书，如果证书颁发机构决定取消对服务器的信任，就不再颁发证书。

2）异常流量控制

异常流量控制对协议、地址、服务端口、包长等进行流量统计，基于地址特征进行会话统计，基于策略进行流量管理和分区服务等级设置，还可以进行最大/最小/优先带宽控制和 DSCP 服务级别设置，以及上下行双向流量控制。

3）网络隔离和交换

网络隔离和交换能够实现两个互联网络的安全隔离，并只允许指定的数据包在两个网络之间进行交换。通过设置两个独立的网络处理单元，每个网络处理单元对应一个连接的网络，各网络处理单元间具有唯一的隔离数据通道；两个网络处理单元在物理上是两个独立的实体，二者通过隔离通道实现数据交换，任何一个网络处理单元都不能控制另一个网络处理单元的运行；各处理单元之间交换的对象不是 IP 数据报文，而是经专用内部协议封装的应用层数据报文，任意原始 IP 数据报文不可能通过该通道实现数据交换。

4）攻击防御与溯源

攻击防御能检测并抵抗 DoS 攻击，积极防御 synflood、pingflood、arpflood、udpflood、teardrop、sweep、land-base、ping of death、smurf、winnuke、ipspoofing、sroute、queso、sf_scan、null_scan 等 DoS 攻击；基于内置事件库对各种攻击行为进行实时监测；在发现攻击行为后能追溯攻击源，便于事后跟踪和监测。

5）信令和协议过滤

移动通信网由基站、核心网设备等功能单元组成，能够提供移动电话业务；固定电话网由端局、汇接局等主要功能单元组成，能够提供固定电话业务；移动通信网环境和固定电话网通过七号信令实现网络互连和业务互连。信令和协议过滤能防御针对七号信令和各种通信协议的攻击，在安全管理系统的管控下完成信令和协议安全防护功能。

## 5.2　移动互联网网络安全威胁

与传统互联网相比，移动互联网最大的技术差异就是引入了无线空中接口的接入方式，以及可移动的智能手机终端。这两点技术上的差异给移动互联网带来了更为广阔的新的发展空间，而从另一角度来审视这个新引入的环节，也为移动互联网带来了一些特有的安全威胁。换言之，除了原有互联网存在的安全隐患外，移动互联网还要面对新的安全挑战。对于移动互联网的主要安全威胁不妨从接入网和 IP 承载网两个关键环节来分析。

网络服务层的安全威胁包含骨干网的安全威胁和接入网的安全威胁。骨干网的安全威胁主要是拒绝服务攻击；接入网的安全威胁包含病毒、垃圾邮件和恶意网址访问等。

### 5.2.1　移动互联网的主要威胁

以移动通信网络（包括 2G、3G、4G 等）或无线局域网（WiFi）、无线城域网（WiMAX）作为接入手段，直接或通过无线应用协议（WAP）访问互联网并使用互联网业务。在无线空中接口容易发生的安全威胁主要有非法接入网络、跟踪窃听空口传送的信息、滥用网络服务等。

1）非法接入网络

无论哪种类型的无线空口接入方式（2.5G、3G、WiFi、WiMAX 等），如果鉴权认证系统存在漏洞，就可能发生非法接入网络的情况。在 2.5G 网络中，由于部分网络鉴权加密算法的强度不够，极易被不法分子破解，导致出现非法接入网络的情况，直接损害用户的利益。目前，在地下市场可以随意买到非法复制 SIM 卡的设备，并能够通过破解 A3/A8 算法推导出鉴权密钥 Ki，从而完全复制 SIM 卡的数据。而在 WLAN 接入环境下，现有的加密安全机制也存在着脆弱性。WEP 被用于在接入点和客户端之间以 RC4 方式对分组数据进行加密。WEP 使用的密钥包括收发双方预先设定的 40 位（或者 104 位）通用密钥，以及发送方为每个分组信息所确定的 24 位 IV 密钥的加密密钥。在通信过程中，为了将 IV 密钥告诉通信接收方，IV 密钥不经加密就直接嵌入分组信息中被发送出去。在互联网上，可以轻松地找到破解部分特殊 WEP 加密算法的软件，通过无线窃听，恶意攻击者只需收集到包含特定 IV 密钥的分组信息并对其进行解析，就可以相对容易地将加密的通用密钥计算出来。

2）跟踪窃听空口传送的信息

以 WiFi 加密方式为例，由于 WEP 加密机制是可选项，如果用户没有选择加密，那无异于向攻击者的各种攻击行为敞开大门；即便 WiFi 用户启用了 WEP 加

密，无论其加密安全强度是高还是低，恶意攻击者仍可以相对容易地破解 WEP
密钥。对于通过空口传送的信息，攻击者还可以发动中间人攻击，可捕获用户相
关机密信息。通过将两个使用同样 IV 密钥的数据包进行互斥运算，就可以得到
IV 的值，进而对整组数据进行解密。另一方面，如果移动通信网空中接口不启用
数据加密功能，就会导致相当于移动通信用户的语音通信通过空中拦截而被非法
监听。从世界范围看，大多数移动电信运营商的 2G 网络语音加密功能都没有打
开，WiFi 网络的空口信息加密功能通常也较少启用，这些无疑都为拦截监听和盗
取用户信息等非法行为提供了相当便利的条件。

　　3）滥用网络服务

　　在网络和信息安全相关研究中还发现现有无线接入网络中存在着相当数量的
滥用服务情况，攻击者可以通过设备或者协议的漏洞，对无线资源或设备实施拒
绝服务攻击。

　　4）攻击者隐藏身份

　　在无线接入环境下，由于大量存在开放认证（无认证）的运营场景（如某些公
共场所），恶意行为实施者可以更容易地逃避事后的追溯。而在移动通信接入互联
网的场景下，大多数用户都使用了私有地址，也为溯源造成了困难。实际上，以上
这些安全隐患和问题已经引起了各界的广泛关注。一方面，对于移动通信技术而言，
在 3G 技术研究和网络建设部署中，相关的安全保护机制都有了比较全面的考虑，
可以说 3G 网络的无线空口接入层面的安全保障已经比 2.5G 网络提高了很多。已经
制定的一些有效的应对措施包括加强无线接口的加密、提高鉴权健壮性、加强抵抗
恶意攻击的能力等。无线接口加密的升级非常迅速，新的安全特性能够抵抗恶意主
动攻击，特别是恶意的强解密。相对 2G 技术，3G 网络还加强了鉴权与用户身份的
机密性，大幅度提高用户身份机密性与鉴权的紧密结合性。3G 网络采用了双向用
户鉴权机制，有效避免了攻击者假冒网络服务盗取用户信息的可能，并且提高了其
加密算法的健壮性。另一方面，对于 802.11a/b/g 无线网络标准中 WEP 加密很容易
被破解的安全漏洞，WLAN 的标准化组织 IEEE 于 2004 年批准了 802.11i（WLAN
的安全）标准，其使用了 AES 算法替代了原来的 RC4，并配合使用 802.1x 作为用
户认证协议。在 802.11i 实施之前，WiFi 联盟还提出了 WPA（WiFi protected access）
标准作为过渡，其针对 WEP 的缺陷作了相应改进，安全性有很大提高。WPA 根据
通用密钥，配合表示计算机 MAC 地址和分组信息顺序的编号，分别为每个分组信
息生成不同的密钥，然后与 WEP 一样将此密钥用于 RC4 加密处理。通过处理，所
有客户端的所有分组信息所交换的数据将由各不相同的密钥加密而成，因此其安全
性远胜于 WEP。不过，WPA 技术只是个过渡，其核心仍然和 WEP 技术相同，由
于其加密方式的改革并不彻底，很难确保不会出现其他更为严重的安全隐患。WPA
加密主要是在通信的过程中不断地变更 WEP 密钥，变换的频率是以假设的目前计

算技术无法将 WEP 密钥计算出来为依据的，其加密算法与 WEP 没有本质区别，即都是使用对称加密算法。简单地说，关键的不足在于无线接入点和用户终端使用相同的密钥，包括变更密钥在内的信息会在相同的简单加密数据包中传输，恶意攻击者只要监听到足够的数据包，借助更强大的计算设备，同样可以破解。我国的无线局域网国家标准 WAPI 的目标也是解决 WEP 中的安全缺陷，其采用了非对称密钥认证加密体制，支持双向认证，安全性也有很大提高。

## 5.2.2　移动 IP 的主要威胁

移动 IP 具有极大的经济实用性，可以提供移动性计算机的无缝连接，支持任何有线和无线的媒体接入，使得移动节点在网络上的移动接入成为可能。对于 IP 化的移动电信业务网络，移动互联网和传统的固定接入式互联网面临着相似的安全威胁，并且由于其自身移动网络、业务的特点，其面临相关威胁和隐患的安全形势更加严峻。移动互联网在 IP 网络层面临的主要安全威胁来源大致可分为信令和协议、设备操作系统和网络拓扑结构等方面。

1）信令和协议

IP 网络（特别是移动增值业务）使用的信令和协议通常存在大量的可被利用的各类漏洞（如拒绝服务和缓冲区溢出等），且大多数信令和协议的设计对于安全问题没有进行审慎的考虑，也未曾进行系统的安全评估和模拟测试，这是当前电信网络较易受到恶意攻击的根本原因。在现有电信 VoIP 业务中，一个恶意构造的数据包很容易引起软交换机宕机，从而导致业务瘫痪，而实施此类攻击的门槛简单到只需要下载一个利用相关漏洞的攻击软件或脚本就行。早在 2002 年 5 月就曾经发生过针对国内某运营商 WAP 网关的 DoS 攻击事件，由于 WAP 网关设备的协议异常处理存在漏洞和缺陷，攻击者利用 UDP 注入器向 WAP 网关发送了异常的WSP 和 WTP 数据包，致使 WAP 应用全面瘫痪，业务中断，其原理见图 5-2。

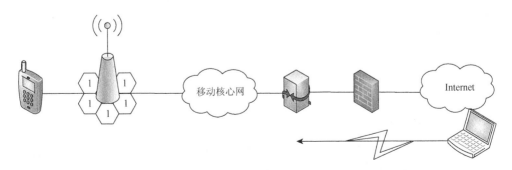

图 5-2　异常数据包攻击

2）设备操作系统

除了信令和协议的隐患外，网络和业务系统面临的另一大威胁来自设备自身的操作系统。据权威统计，目前主流设备厂商生产的常见网络设备的各版本系统都或多或少存在不同程度的漏洞和威胁隐患。相比较而言，现在构成电信业务和应用系统的相关设备比传统电信网络设备面临的安全威胁更加严重，原因在于这类业务和应用系统设备大多采用了通用操作系统（Linux、Solaris、Windows 等），而这些操作系统中的各种安全漏洞难以计数，并且通过互联网可以轻易找到大量的攻击软件、工具以及相关攻击技巧和说明的资料信息。

3）网络拓扑结构

对于运营的业务网络，虽然绝大多数在设计、建设和管理等环节都会遵循一定的安全策略，通过相应的安全措施（如通过 VPN 等信息技术手段）将其重要设备和公用互联网逻辑隔离，但是只要存在设防不严或监管空白的边界接口，就依然会有攻击者从互联网的任意角落利用一切可乘之机尝试发起各类攻击。很多实际存在的基于 Web 的业务自服务系统，更加大了攻击发生的可能性，加剧了攻击对相应业务的危害。例如，某移动网络出现伪源短信攻击，实际则是攻击者通过门户网站的漏洞获得系统访问权限，并利用网络隔离策略设置的缺陷，远程攻入WAP 网关直接恶意修改数据和操作短信中心所致。

针对上述 IP 化电信网络存在的安全漏洞和威胁，目前最有效的应对方式就是全面开展有针对性的 IP 电信网络安全评估、测试和加固，整合相关研究机构、运营商、设备制造商、软件提供商等方面的力量，积极做好网络安全防控。电信网和互联网相关的安全防护、风险评估等工作已经在国内积极有序地开展，并取得了一定成效。

## 5.3　移动互联网接入安全

移动互联网出现至今，其演进过程总共经历了三个阶段：从最初的模拟无线通信到 GSM 无线通信再到 3G 无线通信。下面分别从各阶段的安全威胁、安全机制、安全架构以及相应的安全措施方面来讨论移动互联网的接入安全。

### 5.3.1　GSM 的安全机制

#### 1. GSM 的系统结构

第二代数字通信系统 GSM 网络中，在安全性方面做了很多工作。对移动用户的认证采用询问-响应认证协议，网络向用户发送一个认证请求询问，并要求用户作出相应的响应，从而认证用户的合法身份，防止非授权用户使用网络资源。在 GSM 网络中，采用临时身份机制在无线链路上识别移动用户，一般情况下不使用国际移动识别码（IMSI）识别用户，加强了对用户身份的保密。在无线传输部分，对用户信息进行加密，防止窃听泄密。图 5-3 所示为 GSM 系统的结构。

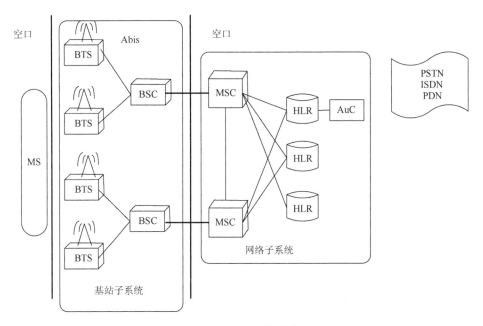

图 5-3　GSM 系统结构

GSM 移动通信系统的主要组成部分可分为移动台（MS）、基站子系统和网络子系统。基站子系统（简称基站或 BS）由基站收发台（BTS）和基站控制器（BSC）组成；网络子系统由移动交换中心（MSC）和操作维护中心（OMC）以及归属位置寄存器（HLR）、拜访位置寄存器（VLR）、鉴权中心（AuC）和设备标识寄存器（EIR）等组成。其中，OMC、VLR、EIR 图中未标出。

移动台就是移动用户设备部分，它由两部分组成，移动设备（ME）和用户识别模块（SIM）。

SIM 卡：移动设备"身份卡"，也称为智能卡，存有认证用户身份所需的所有信息，其中包含了 A3&A8 和 A5 算法，国际移动用户标识（IMSI）和 Ki（永久性密钥），并能执行一些与安全保密有关的重要信息，以防止非法用户进入网络。SIM 卡还存储与网络和用户有关的管理数据，只有插入 SIM 卡后移动终端才能接入网络。

BSC：具有对一个或多个 BTS 进行控制的功能，它主要负责无线网络资源的管理、小区配置数据管理、功率控制、定位和切换等，是个很强的业务控制点。

BTS：无线设备接口，它完全由 BSC 控制，主要负责无线传输，完成无线与有线的转换、无线分集、无线信道加密、跳频等功能。

MSC：是 GSM 系统的核心，是对位于它所覆盖区域的移动台进行控制和完成电路交换的功能实体，也是移动通信系统与其他公用通信网之间的接口。它具有网络接口、公共信道信令系统和计费等功能，还可完成 BSS、MSC 之间的切换和辅助性的无线资源管理、移动性管理等。另外，为了建立至移动台的呼叫路由，每个 MSC 还应能完成入口 MSC（GMSC）的功能，即查询位置信息的功能。

VLR：是一个数据库，用于存储 MSC 为了处理所管辖区域中 MS（统称拜访用户）的来话、去话呼叫所需检索的信息，如用户的号码、所处位置区域的识别、向用户提供的服务等参数。

HLR：是一个数据库，是存储管理部门用于移动用户管理的数据。每个移动用户都应在其归属位置寄存器注册登记，它主要存储两类信息：一类是有关用户的参数；另一类是有关用户目前所处位置的信息，以便建立至移动台的呼叫路由，如 MSC、VLR 地址等。

AuC：用于产生为确定移动用户的身份和对呼叫保密所需鉴权、加密的三参数组（随机数 RAND，符号响应 XRES，加密密钥 Kc）的功能实体。

EIR：是一个数据库，存储有关移动台设备参数，主要完成对移动设备的识别、监视、闭锁等功能，以防止非法移动台的使用。

2. GSM 的鉴权和认证

1）GSM 网络中用户身份的保密

为了保护用户的隐私，防止用户位置被跟踪，GSM 中使用临时移动用户身份（TMSI）来对用户身份进行保密，不在特殊情况下不会使用用户的国际移动用户身份（international mobile subscriber identity，IMSI）对用户进行识别，只有在网络根据 TMSI 无法识别出它所在的 HLR/AuC，或是无法到达用户所在的 HLR/AuC 时，才会使用用户的 IMSI 来识别用户，从它所在的 HLR/AuC 获取鉴权参数来对用户进行认证。在 GSM 中 TMSI 总是与一定的 LAI（位置区识别符）相关联的，当用户所在的 LA（位置区）发生改变时，通过位置区更新过程实现 TMSI 的重新分配，重新分配给用户的 TMSI 是在用户的认证完成时，启动加密模式后，由 VLR 加密后传送给用户，从而实现了 TMSI 的保密。同时在 VLR 中保存新分配给用户的 TMSI，将旧的 TMSI 从 VLR 中删除。

一般来说，只有在用户开机或者 VLR 数据丢失的时候 IMSI 才被发送，平时仅在无线信道上发送移动用户相应的 TMSI。

2）GSM 系统中的用户鉴权

在 GSM 系统中，使用鉴权三参数组（随机数 RAND，符号响应 XRES，加密密钥 Kc）实现用户鉴权。在用户入网时，用户鉴权键 Ki 连同 IMSI 一起分配给用户。在网络端 Ki 存储在用户鉴权中心，在用户端 Ki 存储在 SIM 卡中。AuC 为每个用户准备了"鉴权三元组"（RAND，XRES，Kc），并存储在 HLR 中。当 MSC/VLR 需要鉴权三元组时，就向 HLR 提出要求并发出一个消息 MAP-SEND-AUTHENTICATION-INFO 给 HLR（该消息包括用户的 IMSI），HLR 的回答一般包括五个鉴权三元组。任何一个鉴权三元组在使用以后都将被破坏，不会重复使用。

当移动台第一次到达一个新的移动业务交换中心（moblie service switching center）时，MSC 会向移动台发出一个随机号码 RAND，发起一个鉴权认证过程，过程如图 5-4 所示。

（1）AuC 产生一个随机数 RAND，通过 A3、A8 算法产生认证向量组（RAND，XRES，Kc）。具体产生流程如图 5-5 所示。

（2）VLR/MSC 收到鉴权三元组以后存储起来。当移动台注册到该 VLR 时，VLR/MSC 选择一个认证向量，并将其中的随机数 RAND 发送给移动台。

（3）移动台收到 RAND 以后，利用存储在 SIM 卡中的 A3、A8 算法计算出 XRES 和 Kc（计算流程如图 5-5 所示）。移动台将 XRES 发送给 VLR/MSC，如果 XRES 等于 VLR/MSC 发送给用户的 RAND 所在的鉴权三元组中的 XRES，移动台就完成了向 VLR/MSC 验证自己身份的过程。

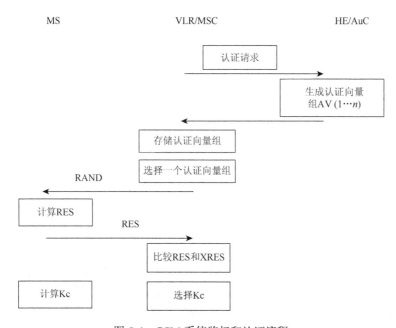

图 5-4　GSM 系统鉴权和认证流程

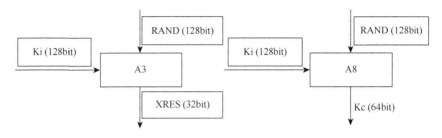

图 5-5　GSM 系统中鉴权三元组产生流程

由以上分析可看出，在 GSM 系统中，Kc 从来不通过空中接口传送，存储在 MS 和 AuC 内的 Kc 都是由 Ki 和一个随机数通过 A8 算法运算得出的。密钥 Ki 以加密形式存储在 SIM 卡和 AuC 中。

3）在 GSM 无线信道上发送加密后的数据

鉴权过程完成以后，MSC 将鉴权三元组中的 Kc 传递给 BTS。这样使得从移动台到基站之间的无线信道可以用加密的方式传递信息，从而防止了窃听。

加/解密过程如图 5-6 所示。

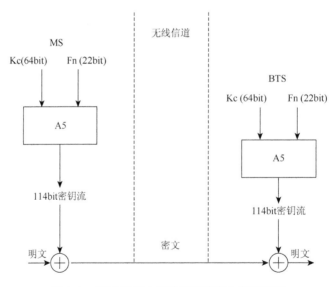

图 5-6　GSM 系统中无线链路信息加密和解密

加密密钥 Kc 的产生过程是通过密钥算法 A8 和加密算法 A3 有相同的输入参数 RAND 和 Ki，因而可以将两个算法合并为一个算法，用来计算符号响应和加密密钥。加密的过程是将 64bit 的加密密钥 Kc 和承载用户数据流的 TDMA 数据帧的帧号 Fn（22bit）作为 A5 算法的输入参数，计算密钥流。对消息进行逐位异或加密，将密文从移动台传递到基站。基站接收到加密的信息后，用相同的密钥流逐位异或来解密。

说明：A5 算法主要在欧洲国家的 GSM 系统中使用，由于最初的 A5 算法安全强度较高，限制对某些国家出口，所以最初的 A5 算法命名为 A5/1，其他算法包括 A5/0（实际上就是没加密），A5/2 是一种比较弱的加密算法。估计破译 A5/1 的时间复杂度大致是 $2^{54}$，而破译 A5/2 的时间复杂度估计低于 $2^{16}$。

### 3. GSM 中安全要素的分布

GSM 系统中，安全要素分布在不同的网络实体平台上，如图 5-7 所示。

AuC 存放每个用户的国际移动用户身份，用于用户开机登录网络或者在 TMSI 不能使用时验证或搜索用户；存放用户的密钥 Ki（在用户使用 IMSI 接续时，Ki 被授予用户）；为完成鉴权过程，AuC 负责生成随机值 RAND；AuC 中还存放了鉴权算法 A3 以及数据加密密钥生成算法 A8。

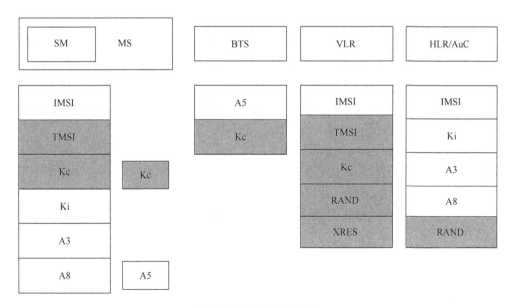

图 5-7　安全要素分布图

VLR/MSC 为每个 IMSI 存放若干鉴权三元组。为了避免 IMSI 被截取，需要最大限度地减少在无线信道上传送。因此，在 VLR 中记录 TMSI 与 IMSI 的对应关系，仅在无线信道上发送移动用户的 TMSI。

BTS 中存储编码算法 A5 和密钥 Kc，用于解密接收到的密文形式的用户数据和信令数据。

移动台中将鉴权算法 A3、数据加密密钥生成算法 A8、用户密钥 Ki 以及用户身份 IMSI（TMSI）存储在 SIM 卡中。SIM 卡是一种防篡改的设备，增强了算法和密钥的安全性。编码算法 A5 和由 A5 计算出的加密密钥 Kc 存储在手机中。

由此可以看出，A3、A8、A5、Ki、Kc 是不在网络中传递的，从而增强了网络的安全性。

### 4. GSM 存在的安全问题

虽然第二代移动通信 GSM 系统在安全性方面采取了上述措施，但是仍然存在很多不足。

（1）GSM 系统中的认证是单向的，只有网络对用户的认证，而没有用户对网络的认证。因此存在安全漏洞，非法设备（如基站）可以伪装成合法的网络成员，从而欺骗用户，窃取用户的信息。

（2）GSM 系统中的加密不是端到端的，只是在无线信道部分即 MS 和 BTS 之间进行加密。在固定网中没有加密，采用明文传输，这给攻击者提供了机会。

（3）在移动台第一次注册和漫游时，IMSI 可能以明文方式发送到 VLR/MSC，如果攻击者窃听到 IMSI 则会出现手机"克隆"。

（4）在移动通信中，移动台和网络间的大多数信令信息是非常敏感的，需要得到完整性保护。而在 GSM 网络中，没有考虑数据完整性保护的问题，如果数据在传输的过程中被篡改也难以发现。

（5）随着计算机硬件技术进步带来的计算速度的不断提高，解密技术也不断发展。GSM 中使用的加密密钥长度是 64bit，在现在的解密技术下，已经可以在较短时间内被破解。

（6）在 GSM 系统中，加密算法是不公开的，其安全性不能得到客观的评价，在实际中也受到了很多攻击。

（7）在 GSM 系统中，加密算法是固定不变的，没有更多的密钥算法可供选择，缺乏算法协商和加密密钥协商的过程。

## 5.3.2　3G 接入安全

进入 3G 时代，移动通信真正实现了与互联网的无缝连接，而新平台上的漏洞必然也会成为病毒、木马等传播的主要手段。木马软件控制用户手机、调用信息、监听通话、自动联网，造成用户隐私泄露；手机自动拨打声讯台、发送短信、订购增值业务，造成用户高额的话费损失。3G 时代让这些潜在的风险可能变为现实。面对如此庞大的群体，结合网络发展和已有互联网攻击事件的经验教训，及时跟踪研究 3G 的发展应用，分析可能造成的安全隐患，加强网络安全的有效管理，具有重要意义。

1. 3G 的安全威胁

（1）对敏感数据的非法获取，对系统信息的保密性进行攻击，其中主要包括以下几点。

侦听：攻击者对通信链路进行非法窃听，获取消息。

伪装：攻击者伪装合法身份，诱使用户和网络相信其身份合法，从而窃取系统信息。

流量分析：攻击者对链路中消息的时间、速率、数据源及目的地等信息进行分析，从而判断用户位置和了解重要的商业秘密。

浏览：攻击者对敏感数据的存储位置进行搜索。

泄露：攻击者利用合法接入进程获取敏感信息。

试探：攻击者通过向系统发送信号来观察系统的反应。

（2）对敏感数据的非法操作，对消息的完整性进行攻击，主要包括对消息的篡改、插入、重放或者删除。

（3）对网络服务的干扰和滥用，从而导致系统拒绝服务或者服务质量低下，主要包括以下几点。

干扰：攻击者通过阻塞用户业务、信令或控制数据使合法用户无法使用网络资源。

资源耗尽：攻击者通过使网络过载，从而导致用户无法使用服务。

特权滥用：用户或服务网络利用其特权非法获取非授权信息。

服务滥用：攻击者通过滥用某些系统服务，从而获得好处，或导致系统崩溃。

（4）否认，主要指用户或网络否认曾经发生的动作。

（5）对服务的非法访问，包括攻击者伪造成网络和用户实体，对系统服务进行非法访问；用户或网络通过滥用访问权限非法获取未授权服务。

2. 3G 网络的安全架构

1）3G 移动通信系统安全网络

3G 系统不仅支持传统的语音与数据业务，还支持交互式业务与分布式业务，从而提供了一个全新的业务环境。这种全新的业务环境不仅体现了新的业务特征，还要求系统能够提供相应的安全特性，3G 移动通信安全网络示意图见图 5-8。

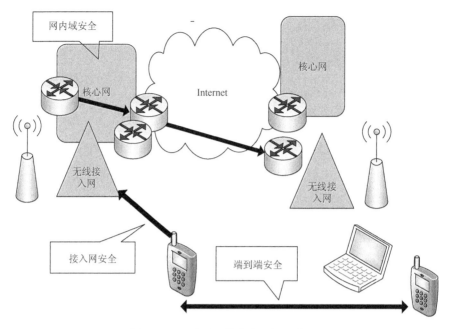

图 5-8　3G 移动通信安全网络示意图

2）3G 系统的安全结构

3G 系统的安全结构是安全特征和安全机制的组合，安全特征是满足一个或几个安全要求的业务能力，安全机制就是用于实现安全特征的元素。所有安全特征和安全机制结合在一起便形成安全结构。3G 系统的安全逻辑结构如图 5-9 所示。

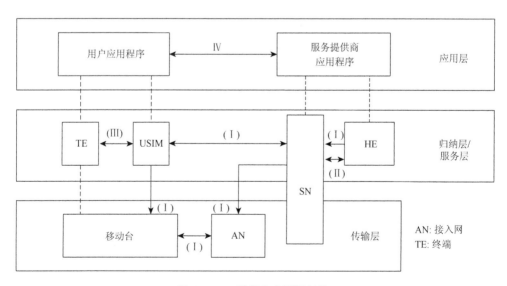

图 5-9　3G 系统安全逻辑结构

由图 5-9 可见，3G 系统中定义了 5 个安全特征组，每个特征组完成特定的安全目标。

（1）网络接入安全（Ⅰ）：提供安全接入 3G 服务网的机制，并抵御对无线链路的攻击。空中接口的安全性最为重要，因为无线链路最易遭受各种攻击。这部分的功能主要包括用户身份保密、用户位置保密、实体身份认证和加密密钥分配、数据加密和完整性等。其中，实体身份认证和加密密钥分配是基于 USIM 和 HE/AuC 共享秘密信息的相互认证。认证过程中也融合了加密、完整性保护等措施。

（2）网络域安全（Ⅱ）：主要保证核心网络内信令的安全传送并抵御对有线网络的攻击，包括网络实体间的身份认证、数据加密、消息认证以及对欺骗信息的收集。

（3）用户域安全（Ⅲ）：主要保证移动台的安全，包括用户与智能卡间的认证、智能卡与终端间的认证及其链路保护。

（4）应用域安全（Ⅳ）：保证用户域与服务提供商的应用程序间能够安全地交换信息，包括应用实体间的身份认证、应用数据重放攻击的检测、应用数据完整性保护、接收确认等。

（5）安全特性的可见性及可配置能力：主要指用户能获知安全特性是否在使用以及服务提供商提供的服务是否需要以安全服务为基础。

3G 安全功能结构如图 5-10 所示。

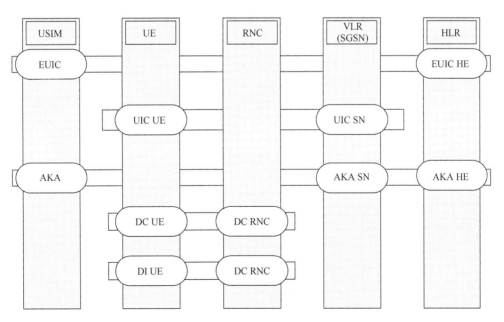

图 5-10　3G 安全功能结构

其中，横轴代表网络实体。涉及的网络实体依据利益关系分为三部分：用户部分，包括用户智能卡（USIM）及用户终端（TE）；服务网络部分，包括服务网络无线接入控制器和拜访位置寄存器；归属网络部分，包括用户位置寄存器和认证中心（UIDN）。纵轴代表相应的安全措施，主要分为五类：增强用户身份保密（EUIC），通过归属网内的 UIDN 对移动用户智能卡身份信息进行认证；用户与服务网间身份认证（UIC）；认证与密钥协商（AKA），用于 USIM、VLR、HLR 间的双向认证及密钥分发；用户及信令数据保密（DC），用于 UE 与 RNC 间信息的加密；消息认证（DI），用于对交互消息的完整性、时效及源与目的地进行认证。

系统定义了 11 个安全算法，分别为 f0、f1*、f1～f9，以实现其安全功能。f8、f9 算法分别实现 DC 和 DI 标准算法。f6、f7 算法用于实现 EUIC。AKA 由 f0～f5 算法实现。

**3. 3G 鉴权认证及加密**

**1）3G 鉴权认证**

3G 系统执行 AKA（authentication and key agreement）协议，在移动台和服务网络之间进行双向认证，在互相确认对方身份的基础上生成数据加密密钥 CK 和数据完整性密钥 IK，为下一步的数据传输做准备。

基于 USIM 卡与 AuC 共享密钥 $K$，AKA 实现相互认证过程。为了便于从 GSM 系统向 3G 系统的过渡，3G 采用和 GSM 系统相同的认证-响应协议，对用户进行鉴权认证。3G 的网络接入采用五元组鉴权机制，具体工作原理如图 5-11 所示。

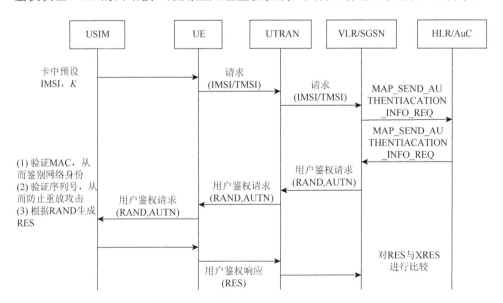

图 5-11　3G 网络接入的五元组鉴权机制

（1）AuC 会对移动用户的身份进行认证并产生相应的鉴权向量＜随机数 RAND，响应值 XRES，加密密钥 CK，完整性密钥 IK，网络标识 AUTN＞，并且按照序列号排序。AuC 产生认证向量组的流程如图 5-12 所示。

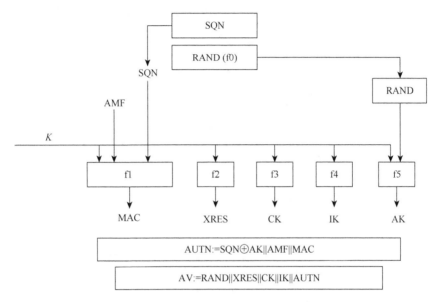

图 5-12　AuC 产生认证向量组的流程图

f0 是一个伪随机数生成函数，只存放于 AuC 中，用于生成随机数 RAND，3G 认证向量中有一个认证令牌 AUTN，包含一个序列号，使得用户可以避免收到重放攻击。其中，AK 用来在 AUTN 中隐藏序列号，因为序列号可能会暴露用户的身份和位置信息。

（2）当认证中心收到 VLR/SGSN 的认证请求，发送 N 个认证向量组给 VLR/SGSN。在 VLR/SGSN 中，每个用户的 N 个认证向量组，按照先进先出（FIFO）的规则发送给移动台，用于鉴权认证。

（3）VLR/SGSN 初始化一个认证过程，选择一个认证向量组，发送其中的 RAND 和 AUTN 给用户。用户收到 RAND||AUTN 后，在 USIM 卡中进行如图 5-13 所示的操作。

首先计算 AK 并从 AUTN 中将序列号恢复出来，SQN=（SQNAK）AK；USIM 计算出 XMAC，将它与 AUTN 中的 MAC 值进行比较。如果不同，则用户发送一个"用户认证拒绝"信息给 VLR/SGSN，放弃该认证过程。在这种情况下，VLR/SGSN 向 HLR 发起一个"认证失败报告"过程，然后由 VLR/SGSN 决定是否重新向用户发起一个认证过程。

用户比较收到的序列号（SQN）是否在正确范围内（为了保证通信的同步，

同时防止重放攻击，SQN 应该是目前使用的最大的一个序列号，由于可能发生延迟等情况，定义了一个较小的窗口，只要 SQN 收到的序列号在该范围内，就认为是同步的）。

如果 SQN 在正确范围内，USIM 计算出 RES 发送给 VLR/SGSN，比较 RES是否等于 XRES。如果相等，网络就认证了用户的身份。

最后用户计算出加密密钥 CK=f3(RAND，K)。

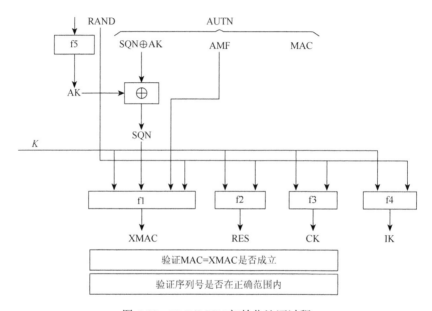

图 5-13　VLR/SGSN 初始化认证过程

（4）如果用户计算出的 SQN 不在 USIM 认为正确的范围内，则发起一次重新认证，认证过程如图 5-14 所示。

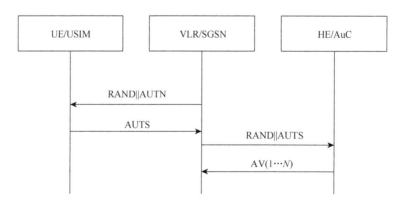

图 5-14　重新认证时序

2）用户信息加密和完整性保护

在完成了用户鉴权认证以后，在移动台生成了加密密钥 CK。这样用户就可以以密文的方式在无线链路上传输用户信息和信令信息。发送方采用分组密码流对原始数据加密，采用 f8 算法。接收方接收到密文后，经过相同的过程恢复出明文。加/解密过程如图 5-15 所示。

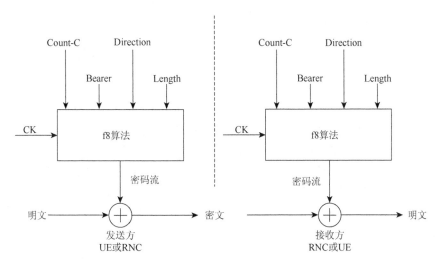

图 5-15　3G 加/解密过程

算法的输入参数是加密密钥 CK(128bit)、密钥序列号 Count-C(32bit)、链路身份指示 Bearer（5bit）、上下行链路指示 Direction（1bit，消息从移动台到 RNC，取值为 0，反之为 1）、密码流长度指示 Length(16bit)。基于这些输入参数，算法产生输出密钥流块，用于加密输入明文产生输出密文块。

在 3G 网络中，采用消息认证来保护用户和网络间的信令消息没有被篡改。发送方将要传送的数据用完整性密钥 IK 经过 f9 算法产生的消息认证码 MAC，附加在发出的消息后面。接收方接收到消息后，用同样的方法计算得到 XMAC。接收方把收到的 MAC 和 XMAC 相比较，如果两者相等，就说明收到的消息是完整的，在传输过程中没有被修改。数据完整性验证过程如图 5-16 所示，其中 Fresh（32bit）为网络生成的一个随机数，IK(128bit)为完整性密钥，MAC 为消息认证码。

3）增强的用户身份认证

在 GSM 系统中，用户可能会向 VLR/SGSN 发送 IMSI，用于网络识别用户身份。在传输过程中，由于是明文传输，可能被截取。虽然在 3G 中仍然支持 GSM 中的明文传输的方式，但是定义了增强型的用户身份保密机制，将 IMSI 隐藏起来，而不以明文传输，从而防止了用户 IMSI 在无线信道上传输时被窃听。

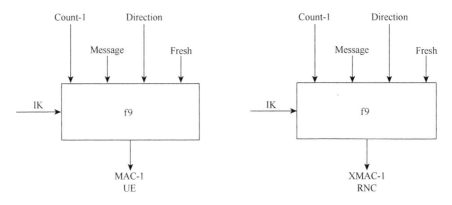

图 5-16　完整性验证过程

为了实现增强的用户身份认证,在 VLR/SGSN 中定义了 UIDN(用户身份解密节点),用于对接收到的加密的用户身份进行解密。同时定义了两个算法 f6 和 f7,用以实现用户身份的加密和解密。其中,GK 为用户入网时,与 HE/AuC 及群中的其他用户共享的群密钥;SEQ_UIC 表示 USIM 产生的序列号,每次均不同;MSIN(mobile station identity number)表示移动用户鉴权码,是 IMSI 组成部分之一。

EUIC 的实现过程如图 5-17 所示。

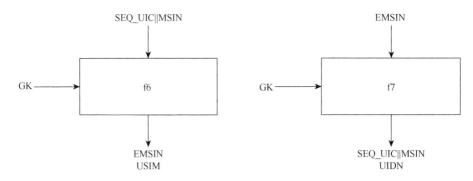

图 5-17　EUIC 的实现过程(对 IMSI 的加密和解密算法)

通过上述过程,VLR/SGSN 识别了用户身份,就可以建立 IMSI 与 TMSI 之间的对应关系,在接下来的通信过程中,就可以用 TMSI 进行用户身份识别。用 TMSI 代替 IMSI 来标识用户的好处是:一方面不暴露用户的身份;另一方面,当用户不断认证时,TMSI 会不断发生变化,使得用户难以被追踪和攻击。

4. 3G 的安全特征

1)网络接入安全

(1)用户身份机密性,与其相关的安全特征如下。

　　用户身份机密性：网络接收业务用户的 TMSI 在无线接入链路上不可能被窃听。

　　用户位置机密性：用户在某一区域出现或到达，不可能在无线接入链路上通过窃听来确定。

　　用户的不可追溯性（untraceability）：入侵者不可能通过在无线接入链路上窃听而推断出不同的业务是否传递给同一用户。

　　为了实现这些目标，用户通常用临时身份识别，拜访的服务网可利用临时身份识别用户。为了避免用户的可追溯性，用户不应长期利用同一临时身份来识别。另外，要求任何可能暴露用户身份的信令或用户数据在无线链路上都应加密。

　　（2）实体认证，与其相关的安全特征如下。

　　用户认证：服务网验证用户的身份。

　　网络认证：用户验证被连接到了一个由他的 HE 授权且为他提供业务的服务网，这包括保证授权是新的。

　　为了实现这些目标，假设实体认证应该在用户和网络之间的每一个连接建立时出现。包含两种机制：一种是使用由用户的 HE 传递给 SN 的认证向量的认证机制；另一种是使用在用户和 SN 之间在早先执行的认证和密钥建立过程期间所建立的完整性密钥的本地认证机制。

　　（3）机密性，与网络接入链路上的数据机密性有关的安全特征如下。

　　加密算法协商：MS 和 SN 能够安全地协商它们随后将使用的算法。

　　加密密钥协商：MS 和 SN 能就它们随后使用的加密密钥达成一致。

　　用户数据的机密性：用户数据不可能在无线接入接口上被窃听。

　　信令数据的机密性：信令数据不可能在无线接入接口上被窃听。

　　加密密钥协商在认证和密钥协商机制的执行过程中实现。加密算法协商通过用户和网络之间的安全模式协商机制来实现。

　　（4）数据完整性，与网络接入链路上的数据完整性有关的安全特征如下。

　　完整性算法协商：MS 和 SN 能够安全地协商它们随后将使用的完整性算法。

　　完整性密钥协商：MS 和 SN 能就它们随后使用的完整性密钥达成一致。

　　数据完整性和信令数据的信源认证：接收实体（MS 或 SN）能够查证信令数据从发送实体（SN 或 MS）发出之后没有被某种未授权方式修改，且与所接收的信令数据的数据源一致。

　　完整性密钥协商在认证和密钥协商机制的执行过程中实现。完整性算法协商通过用户和网络之间的安全模式协商机制来实现。

　　2）网络域安全

　　GSM 中没有涉及网络域的安全，信令和数据在网络实体之间以明文方式传输，网络实体之间的交换信息得不到保护。网络实体之间大多通过有线网络相连，3G 的安全特性要求应该强于现有的有线网络的安全，所以在 3G 中对网络实体之间的通信采用了安全保护措施。

通常在 3G 系统中不同运营商之间是互连的，为了实现安全保护，需要进行一定的安全域的划分，一般一个运营商的网络实体统属一个安全域，不同的运营商之间设置安全网关（SEG）。在 3G 中网络域之间的通信大多基于 IP 方式，对于网络域的安全而言，IP 网络层的安全是最重要的方面。网络层的安全通过 IPSec 的方式来实现，而这里所用的 IPSec 是针对移动通信网络的特点的经过修订的 IETF 所定义的标准 IPSec。采用 IPSec 可以实现网络实体间的认证，传送数据的完整性和机密性，对抗重放攻击。

3）用户域安全

（1）User-to-USIM 的认证。该特征的性质：接入 USIM 是受限制的，直到 USIM 认证了用户为止。因此，可确保接入 USIM 能够限制于一个授权的用户或一些授权的用户。为了实现该特征，用户和 USIM 必须共享同一安全地存储在 USIM 中的秘密数据（如 PIN）。只有用户证明知道该秘密数据后，才能接入 USIM。

（2）USIM-终端链路。该特征确保接入终端或其他用户设备能够限制于一个授权的 USIM。最终，USIM 和终端必须共享同一安全地存储在 USIM 和终端中的密钥。如果 USIM 未能证明它知道该密钥，它将被拒绝接入终端。

4）应用域安全

在 USIM 和网络间的安全通信：如在 3GPP TS 31.111 中说明的，USIM 应用工具包将为运营商或第三方提供者提供创建应用的能力，那些应用驻留在 USIM 上（类似于 GSM 中的 SIM 应用工具包）。需要用网络运营商或应用提供者选择的安全等级在网络上安全地将消息传递给 USIM 上的应用。

USIM 应用工具包的安全特征利用 3GPP TS 23.048 中描述的机制实现，这些机制讨论了 GSM02.48 中确定的安全要求。

应用的安全性总是涉及用户终端的 USIM 卡，需要其支持来提供应用层的安全性。随着应用工具的发展，各种各样的应用业务将被逐渐开发。

第三代移动通信系统是在第二代移动通信系统的基础上发展起来的，它继承了 2G 系统的安全优点，改进了 2G 系统中现存的和潜在的安全威胁，并能与 2G 系统兼容。同时针对 3G 系统的新业务要求和安全的扩展性，提供了更加完善的安全特性与安全服务。

## 5.3.3　WiFi 接入安全

WiFi 技术自 20 世纪末到现在，发展不过十几年，但应用非常广泛。WiFi 最初由 1999 年成立的 WiFi 联盟提出，以后变成对无线局域网技术的统称。WiFi 技术自开始到现在已经经历了多个版本，包括从最早的 802.11 到 802.11b、802.11a、

802.11g、802.11i、802.11n，现在所说的 WiFi 技术代表的就是 802.11 协议体系。

WiFi 技术的定义其实只涉及数据链路层的 MAC 子层和物理层，上层协议和 802.3 的定义都遵循 802.2。对于数据安全性，WiFi 技术中更多使用的是 WEP 和 WPA 加密方法来实现对网络访问的验证和数据的加密，虽然这些定义的加密方法是可选的，但用户更多选择的是使用 WEP 方法。

### 1. WEP 技术简介

WEP（wired equivalent privacy）算法在 802.11 标准中是一种可选的数据链路层安全机制，用来进行访问控制、数据加密等。当无线工作站请求访问 AP 时，首先必须通过 AP 的访问认证，认证过程如图 5-18 所示。无线工作站发出认证请求，AP 收到请求后生成随机内容，将该内容发送给无线工作站并要求无线工作站将这部分内容加密后传回。无线工作站将使用 WEP 进行加密，然后将加密数据传回 AP。AP 接收到工作站的响应后，同样使用 WEP 对数据进行验证。如果无线工作站的响应内容被 AP 验证通过，则该工作站通过验证并可以随后进行通信连接的建立，否则验证失败拒绝连接。

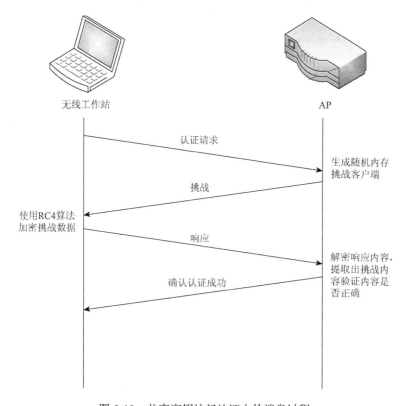

图 5-18　共享密钥访问认证中的消息过程

在通信链路正确建立后，即可传输数据，传输的数据内容仍将通过 WEP 来加密和解密。在发送方，数据通过 WEP 使用共享的密钥进行加密，在接收方，加密的数据通过 WEP 使用共享的相同密钥进行解密，如图 5-19 所示。

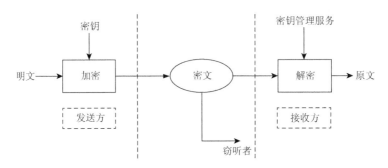

图 5-19　WiFi 数据流动过程

## 2. WEP 工作过程

具体来说，WEP 的加/解密是在 MAC 子层进行的。对于需要传输的帧，由帧头和载荷组成。WEP 加密操作的全过程如图 5-20 所示，而解密过程与加密过程一样，仅在解密后需要核对 ICV 的正确性。WEP 对其载荷进行保护，主要分成 4 个步骤。

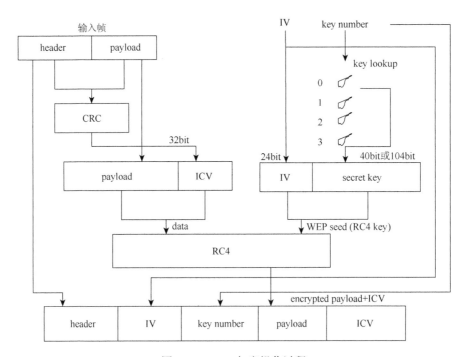

图 5-20　WEP 加密操作过程

（1）对于需要传输的帧，先进行完整性校验序列计算，使用 CRC 算法生成 32 位的 ICV 完整性校验值，将载荷和 ICV 组合在一起作为将被加密的数据。

（2）WEP 的加密密钥分成两部分，一部分是 24 位的初始化向量 IV，另一部分是私钥。由于相同的密钥生成的帧密钥流是一样的，所以使用不同的 IV 来使生成的帧密钥流不同，从而可用于加密不同的需要被传输的帧。

（3）生成的帧密钥流长度和被加密内容的长度是一样的，该密钥流作为 RC4 加密算法的密钥，使用 RC4 算法对帧载荷进行加密。

（4）解密的时候，先进行帧的完整性效验，然后从中取出 IV 和使用的密码编号，将 IV 和对应的密钥组合成解密密钥流，再通过 RC4 算法应用于已加密的载荷上，就能解析出载荷以及 ICV 内容。对解密出的内容再用步骤（1）的方法生成 ICV'，比较 ICV'和 ICV，如果两者相同，就认为数据正确。

### 3. WEP 的缺陷

综合前面对 WEP 这种通过共享密钥来对数据加密的算法，仔细分析后可以看出，WEP 中存在不少安全隐患。

1）ICV 篡改

CRC32 算法是一种用于检测传输噪声和普通错误的算法，它是信息的线性函数，可以被攻击者篡改加密信息，并很容易修改 ICV 使数据包合法。

2）RC4 算法缺陷

RC4 是当前最流行的加密方式之一，在许多应用程序中得到应用。它是一个流加密系统，包括初始化算法和伪随机数密钥流生成算法两部分。RC4 的基本原理在于"搅乱"。初始化过程中，密钥（由 IV 和密钥组成）的主要功能是将一个 256 字节的初始数簇进行随机搅乱，不同的数簇在经过伪随机数密钥流生成算法的处理后可以得到不同的密钥流序列，将得到的伪随机数密钥流和明文进行异或运算就可以得到密文，按照同样的原理也可对密文进行解密。由于 RC4 算法加密采用异或方式，所以一旦伪随机数密钥流出现重复，密文就可能被破解。设 $P_1$ 和 $P_2$ 是两段明文，分别使用密钥流对其加密，得到密文 $C_1$ 和 $C_2$。

$$C_1 = P_1 \oplus RC4\{IV_1, Key\}RC4\{IV_1, Key\} = C_1 \oplus P_1 \Rightarrow$$

$$C_2 = P_2 \oplus RC4\{IV_2, Key\}RC4\{IV_2, Key\} = C_2 \oplus P_2$$

$$C_1 \oplus P_1 = C_2 \oplus P_2(IV_1 = IV_2)$$

可见，在密钥流相同时，只要知道 $P_1$、$P_2$、$C_1$、$C_2$ 中的任意三者，就能得到第四者。采用 RC4 算法时，相同的密钥和 IV 所生成的伪随机数密钥流是唯一的。而在 WEP 中 IV 是明文传输，非常容易获取，同时 WEP 允许 IV 重复。

这使得攻击者可以利用这一特点欺骗其他客户端接收或发送一条能实现预测的消息 $P_1$，攻击者就可以随后拦截到该条消息加密后的密文 $C_1$。这样攻击者就可以对网络中的其他任何密文 $C_x$ 进行解密操作，将其还原成 $P_x$。同时在WLAN 中定义的若干协议规范已包含若干已知的值（如 IP 头、IPX 头、SNAP头等）。根据这些，攻击者能够从加密的数据中推算出部分密码，再逐步推算出密码的其他部分。

3）IV 容易碰撞

IV 在 WEP 中的功能是使 RC4 算法在使用相同的密钥时生成的伪随机数密钥流不重复，而用以作为数据包加密密钥。所以可简单地认为，在知道用户密钥的情况下，WEP 其实是使用 IV 来加密数据包的。根据 WEP 体制，发送人使用 IV加密数据包，接收人也必须知道这个 IV 才能解密数据。WEP 标准中的 IV 长度为24bit。而 IV 就有约 160 万个，这使得最多发送约 160 万个数据包后，将会重复IV。重复的 IV 可以被攻击者根据 RC4 的缺陷用来解析密文。有人会说 160 万个数据包非常多了，即使按照每个数据包 1500 字节进行计算，就有近 24GB 的通信量。其实在通信频繁的 WLAN 中，这个数值并不算大。有人说过"考虑到随机性的本质，只需传输不到 1 万个数据包，就可能开始重复"。也就是说，传输十多兆字节的文件或数据，IV 就会出现碰撞。

4）密钥管理机制缺乏

WEP 没有密钥管理机制，只能通过手动方法对 AP 和工作站配置分发新的密钥。实际应用中，由于更换密钥比较麻烦，密钥并不经常被更换，所以很长一段时间内密钥都是不变的。这样，如果 WLAN 中一个用户丢失密钥，就会殃及整个网络的安全。

5）用户密钥的隐形缺陷

由于 WEP 的密钥标准中要求用户输入的密钥长度是固定的（40bit 或 104bit），如果用户选择 64 位加密方式，则提示用户输入 5 位字符或者 10 位十六进制符号。如果用户选择 128 位加密方式，则提示用户输入 13 位字符或者 26 位十六进制符号，这都是为了使密钥长度都能达到规定尺寸。一般用户在使用的时候，大多会选择 64 位加密方式，而输入的内容多数是 5 位的字符。因为不同的用户都有自己的一套密码设置习惯，如果要求用户恰好输入指定长度的密钥，由于惰性，大多数用户为了设置成功往往使用占 40bit 的 5 位字符，即便使用 10 位十六进制符号也是简单的组合。在笔者破解的众多 WLAN 密钥中，就体现出了这个问题。

6）未定义非法访问处理机制

在 WEP 中未定义对非法访问的控制和处理，若攻击者使用密码字典进行攻击，对于这类频繁的非法连接请求，WEP 并不作处理。而结合用户密钥隐形缺陷生成的字典，如果幸运可以在较短的时间内破解出大多数 WEP 密钥，这需要结合社会工程学的弱密码学。

7）缺少对数据包的身份验证

由于没有针对数据包的身份验证机制来确定每个数据包的来源，这样导致非法客户端发出的数据也会被 AP 所接收。虽然在 AP 管理端有一项 MAC 过滤，可以通过该功能限制非法 MAC 地址的访问，但 MAC 地址是可以被修改的，很容易伪造成合法客户端机器。如图 5-21 所示为通常数据包的窃听方式。

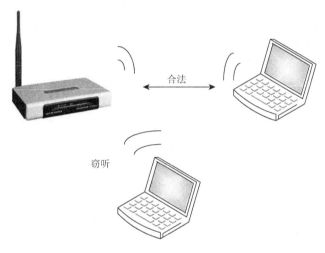

图 5-21　数据包窃听方式

在攻击者攻击的时候，由于有的网络通信流量非常少，这就导致不能拦截到足够多的信息来分析出密钥。这个时候攻击者可以采用主动攻击的方式，拦截一个合法客户端的 ARP（address resolution protocol）请求包，随后攻击者向 AP 不断重放这个 ARP 请求包，在允许 IV 重复的基础上，AP 会在接收到 ARP 请求包后回复客户端。这样攻击者就可以收集到更多的 IV。获取 ARP 请求包也是非常简单的，使用无线欺骗的方法强制合法客户端和 AP 断线，在随后重连的过程中就有机会获得 ARP 请求包，如图 5-22 所示。

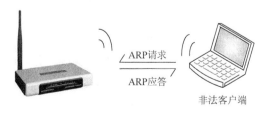

图 5-22　ARP 数据包攻击

8）WEP 安全现状

网络上已有多种利用 WEP 的各种漏洞缺陷进行解密的工具，如 Aircrack、WEPCrack、Airsnort 等，它们都能在高效地拦截到足够多的数据信息的前提下，快速解析出 WEP 的用户密钥，信息量越大，解密速度越快。著名的 BT 系统尤其集成了完整的无线破解工具，现在已经发布了 BT4 beta 版本。这些工具在利用漏洞推测密钥的基础上，还集成了复杂的算法来帮助缩短破解时间，减少数据资源积累量。在解决由于 WEP 的缺陷所带来的安全问题上，"外套"技术被提出来。"外套"技术的软件加密方法可以将一些没有实际意义的无线数据包混杂在 WEP 数据包中，从而使攻击者在截获足够的数据信息后仍然无法分析出 WEP 的加密密钥。由 AirDefence 公司提供的新的外套技术，可以帮助那些大量使用便携式收款机、条码扫描器或零售网点终端和手持 VoIP 设备的用户，在他们常规产生的网络数据流中，AirDefense 的 WEP 外套模块可创建假数据流，使 WEP 密钥不同于实际 WLAN 客户端和接入点使用的 WEP 密钥，从而使攻击者破解的密钥无效，使用户的数据得到一定程度上的有效保护。另外，还有如动态密钥等方案来对 WEP 进行改善，但这些并不能从根本上解决问题。

4. WPA 安全

虽然说 WEP 之后有更安全的 WPA 和 WPA2 的加密技术，避开了 WEP 存在的众多弱点，但是安全攻击和防范本就是成对出现的，没有无坚不摧的矛，也没有坚韧无比的盾。WPA 的加密方式需要四次握手，使用了多至 48 位的 IV，防止 IV 重复，MIC 信息编码完整性机制以及动态密钥管理机制等一系列规则来加强通信安全。鉴于 WPA 比较完善的密码体制，并不能通过破解 WEP 的方式来进行破解，但是由于在 WPA 的四次握手中包含和密码有联系的信息，可以依靠这个信息来进行字典攻击，在这里成功破解出信息的关键依赖良好的字典。良好的字典依赖对弱密码的分析以及对曾出现过的强密码的收集，当然运算速度也是关键环节。

## 5.4　移动 IP 安全机制

为了支持互联网上的移动设备，并使其保留不变的永久 IP 地址，IETF 推出了移动 IP 的标准，即移动 IP。移动 IP 是一种在互联网中提供移动性支持的特殊路由协议，可以将 IP 包路由到不断改变位置的移动节点，并且上层 TCP 连接不会感知到 IP 地址的改变。移动 IP 具有可扩展性、可靠性和安全性的特点，并可以使节点在链路切换时仍可保持正在进行的通信。

### 5.4.1　移动 IPv4 安全

#### 1. 移动 IP 的解决方案

目前，针对移动主机如何能更高效地访问 Internet，以及怎样向移动用户提供透明的 Internet 服务的问题，提出了以下几种解决方案。

第一个移动主机协议（mobile IP）使用了 IPIP（IP in IP）打包和虚拟子网，同时，由索尼公司设计的另一种移动主机协议——VIP，则是通过特殊的路由器来记忆移动主机的位置，它还定义了新的 IP 头选项来传递数据。随后，IBM 公司提出了利用 IP 中的可选功能——松散源选径来支持主机的移动的一种协议。

1994 年，Myles 和 Perking 通过分析以上三种协议的优缺点，设计了一种新的协议 MIP（mobile IP），此后它发展成了移动 IP。同年，Johnson 设计了一种与松散源选径相类似的移动主机路由协议（MHRP）。不论 MHRP 还是 MIP 都存在严重的安全问题，因此 Myles、Perking 和 Johnson 共同制定了 IMHP（Internet mobile host protocol），IMHP 引入了一种新的安全机制并提出了简单认证的概念，这一概念后来被 IPv6 所借鉴。

移动 IP 提供了一种 IP 路由机制，使移动节点可以用一个 IP 地址连接到任意链路上。

#### 2. 移动 IP 实体及相互关系

移动 IP 定义了三个新的功能实体：移动节点（mobile node）、家乡代理（home agent）和外地代理（foreign agent）。图 5-23 是移动 IP 的实体和相互关系示意图，它说明了移动节点、家乡代理和外地代理的功能及其在网络中的关系。

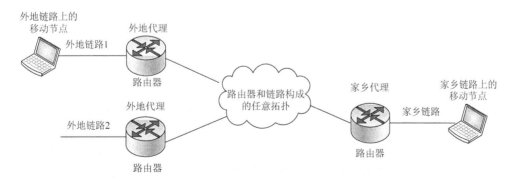

图 5-23　移动 IP 的实体和相互关系示意图

移动节点：是指从一个网络或子网链路上切换到另一个网络或子网的主机或

者路由器。移动节点可以改变它的网络接入点，但不需要改变 IP 地址，并且使用原有的 IP 地址能够继续与其他节点通信。

家乡代理：是指位于移动节点家乡链路（home link）上的路由器。当移动节点离开家乡网络时，它负责把发往移动节点的分组通过隧道转发给移动节点，并且维护移动节点当前位置的信息。

外地代理：是指位于移动节点所访问的网络上的路由器，为注册的移动节点提供路由服务。它接收移动节点的家乡代理通过隧道发来的报文，进行拆封后发给移动节点；对于移动节点发出的报文，外地代理提供类似默认路由器的服务。

其他常用的术语如下。

家乡地址（home address）：是指每个移动节点在家乡链路上拥有的一个"长期有效"的 IP 地址，对这种地址的管理类似于对固定主机 IP 地址的管理。

转交地址（care of address）：是指当移动节点离开家乡链路后，它被赋予的反映其当前网络接入点的临时地址。

家乡网络（home network）：是指与移动节点的家乡地址具有相同前缀的网络，可以是一个不存在的虚拟网络。发往移动节点家乡地址的 IP 分组会被标准的 IP 路由机制转发到其家乡网络上。

家乡链路：是指与移动节点的家乡地址具有相同网络前缀的链路，是移动节点在家乡网络时的链路。家乡链路比家乡网络更为精确地描述了移动节点的位置。

外地网络（foreign network）：是指除移动节点家乡网络外的任何网络，也就是网络前缀与移动节点家乡地址网络前缀不同的网络。

外地链路（foreign link）：是指除家乡链路以外的链路，也就是网络前缀与移动节点家乡地址网络前缀不同的链路。外地链路比外地网络更为精确地描述了移动节点移动时的位置。

移动绑定（mobile binding）：是指由家乡代理维护的移动节点的家乡地址和转交地址的关联，还包括关于关联的剩余生存期等其他信息。

隧道和转交地址：如图 5-24 所示，当一个数据分组被封装在另一个数据分组的净荷中进行传送时，所经过的路径称为隧道。在移动 IP 中，家乡代理将发送给移动节点的分组通过隧道转发，隧道的一端是家乡代理，另一端是外地代理或移动节点。

由于采用了隧道技术，隧道上的中间路由器看不到移动节点的家乡地址，隧道终点是移动节点的转交地址，这个转交地址必须是一个通过传统的 IP 路由到达的地址。在这里发往移动节点的分组被取出来分析，以便进行进一步处理。

移动 IP 提供了外地代理转交地址（foreign agent care of address）和配置转交地址（co-located care of address）两种类型的转交地址。外地代理转交地址

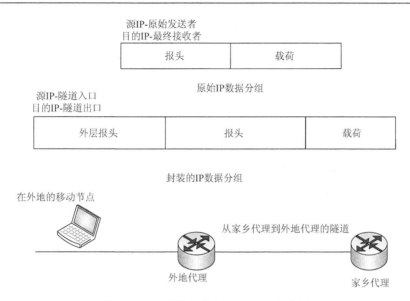

图 5-24　IP 隧道及其在移动 IP 中的应用

从外地代理的代理通告中获得，通常为外地代理的一个 IP 地址。外地代理此时成为隧道的终点，它拆封隧道来的分组后将其转发给移动节点。配置转交地址是通过地址分配机制为移动节点分配的 IP 地址，地址前缀与目前访问网络的前缀相同，它可以是通过动态主机配置协议（dynamic host configuration protocol，DHCP）动态分配的暂时地址，也可以是移动节点在外地网络上长期使用的永久地址。在使用配置地址时，移动节点是隧道的终点，自身实现隧道分组的拆封功能。使用这种地址的优点是移动节点不需要外地代理，但是会给 IPv4 地址空间的分配增加额外的负担，它要求外地网络预留一些地址供来访的移动节点使用。

3. 移动 IPv4 的工作原理

通过周期性地组播或广播一个被称为代理广播的消息，家乡代理和外地代理宣告它们与链路的连接关系，移动节点收到这些代理广播消息后，检查其中的内容以确定自己是连在家乡链路还是外地链路上。当它连在家乡链路上时，移动节点就可以像固定节点一样工作，即它不再利用移动 IP 的其他功能，如果移动节点连接在外地链路上，则其通信过程如图 5-25 所示。

（1）移动节点首先需要获知家乡（外地）代理的信息，以便向家乡代理注册自己的当前位置，以及从外地代理获取转交地址。这一操作是通过家乡（外地）代理广播的代理消息实现的。一般来说，家乡（外地）代理会周期性地广播代理消息。当然，移动节点也可以主动发出代理请求，收到该请求的家乡（外地）代理会回复一个应答。

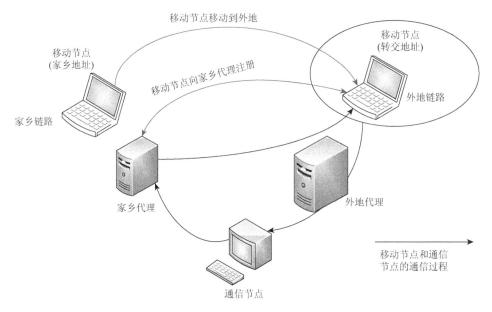

图 5-25　移动 IPv4 的工作原理

（2）当移动节点连在外地链路上后，它可以从外地代理广播的消息中找到外地代理转交地址，配置转交地址必须通过一个配置规程得到，如用动态主机配置协议、PPP 的 IP 控制协议（Internet protocol control protocol，IPCP）或手工配置。

（3）移动节点向家乡代理注册转交地址，可以通过移动 IP 中定义的消息交换来完成。在注册过程中，如果链路上有一个外地代理，移动节点就向它请求服务。为阻止拒绝服务攻击，注册消息要求进行认证。

（4）家乡代理或者是在家乡链路上的其他一些路由器广播对移动节点家乡地址的网络前缀的可达性，从而吸引发往移动节点家乡地址的数据包，家乡代理截取这个包（可能用代理 ARP），并根据移动节点注册的转交地址，通过隧道将数据包传送给移动节点；在转交地址处可能是外地代理或移动节点的一个端口，原始数据包被从隧道中提取出来送给移动节点。

（5）相反，由移动节点发出的数据包被直接选路到目的节点上，无须隧道技术。对所有来访的移动节点发出的包来说，外地代理完成路由器选路的功能。

### 4. 移动 IPv4 存在的问题

IPv4 是一个简单而又有效的网络互连协议，能够连接少至几个节点，多至 Internet 上难以计数的主机。然而，随着 Internet 的发展，IPv4 的一些缺陷也逐渐暴露出来，其中地址空间危机是最为严重且迫切需要解决的问题。此外，IPv4 网络还存在路由表爆炸问题、缺少有效的服务质量保证机制和安全机制等缺陷。从短期来看，这些问题可以通过采取一些补救性措施加以解决或者缓解，但从长远考虑，需要对 IPv4 进行升级，才能从根本上解决目前 IPv4 网络中遇到的种种问题。

1）IP 地址空间的危机

Internet 在近些年飞速发展，从理论上说，IPv4 的地址空间大约有 40 亿个，应该能满足目前 Internet 的需求。例如，每个 A 类地址段有 1600 万个主机地址，但是获得 A 类地址的机构只需要其中非常小的一部分就能满足其联网需求，这样其余的地址实际上就浪费了。B 类和 C 类地址的使用也存在类似的问题。另一方面，由于网络地址分配的历史原因，一些人口大国，如中国和日本，分配到的地址空间非常有限，地址空间危机尤为严重。为了解决地址空间危机，人们也想出了各种暂时性的方法，如无类别域间选路（CIDR）、网络地址翻译（NAT）等。

2）路由性能问题

容易发现，在移动 IPv4 中存在一个严重的问题，即通信节点发往"离家在外"的移动节点的数据总是要建立如图 5-26 所示的三角路由（triangle routing）。要实现通信节点和移动节点的直接路由，需要保证移动节点转交地址向通信对端注册的安全性。可是，在 IPv4 中没有自动的密钥配置机制，为移动节点和它的每一个通信对端都分配一对密钥是不可能的。因此，需要专门的路由优化协议来优化路由。

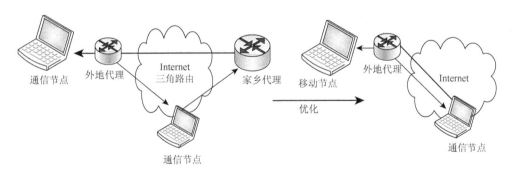

图 5-26　三角路由和优化路由

另外，入口过滤问题也是一个不得不考虑的问题，在移动 IPv4 中，为了保证位置的透明性，移动节点始终以家乡地址的身份进行通信。由于家乡地址具有与外地链路不同的网络前缀，所以当这些以移动节点家乡地址为源地址的分组通过具有入口过滤（ingress filtering）功能的路由器时，路由器认为这些分组在拓扑上是错误的，因而将它们过滤掉。为了通过具有入口过滤功能的路由器，移动节点必须通过与接收数据的隧道方向相反的隧道发送数据，以此保证数据在拓扑上合理，这大大降低了移动 IPv4 的效率。

3）安全性问题

IPv4 网络最初设计时，网络层协议只负责网络互连，安全性由网络层以上的协议负责。例如，安全套接字层（SSL）协议由 IP 层之上的传输层处理，而安全HTTP（SHTTP）则由应用层处理。IPv4 本身缺少安全机制，网络的安全性只能依赖于端到端来实现。虽然已有一些基于 IP 选项的关于 IPv4 安全性的机制，但是在实际应用中并不成功。IPSec 虽然已经标准化，但并非网络中的所有节点都支持该协议，存在互通的问题。

4）网络配置问题

随着网络规模的扩大，网络管理成为一个关键问题。目前 IPv4 的网络配置主要通过手工配置完成，过于烦琐并且容易出错。当网络中的一些设置发生改变时，网络中的所有主机都需要重新进行配置。另外，计算机的移动性需求与日俱增，要求改变网络接入位置后仍然能够使用网络服务，这就要求主机具有网络自动配置的能力。IPv4 虽然可以通过 DHCP 正确完成完整的 IP 网络配置，但是 IPv4 对移动性的支持并不完善。

## 5.4.2 移动 IPv6 安全

### 1. 移动 IPv6 的技术优势

移动 IPv6 使得 IPv6 主机在离开其家乡链路时仍能保持所有当前连接，并始终能够连接到互联网上，这是由于无论移动节点当前在互联网上的连接点如何，移动 IPv6 都通过静态的家乡地址来识别每个节点。从以上论述可以看出移动 IPv6 的优势。

（1）地址数量：移动 IPv6 为每个移动节点分配了全球唯一的 IP 地址，无论它们从何处连接到互联网上，为移动节点服务的外地链路都要预留足够多的 IP 地址来给移动节点分配一套（至少一个）转交地址，在 IPv4 地址短缺的情况下，要预留足够多的全球 IPv4 地址是不太可能的。

（2）代理发现机制：IPv6 的泛播地址的特点是，以泛播地址为目的地址的数据包会被转发到根据路由协议测量的距离最近的接口上。移动 IPv6 有效利用这一原理实现了动态家乡代理发现机制，通过发送绑定更新给家乡代理的泛播地址来从几个家乡代理中获得最合适的一个的响应，IPv4 则无法提供类似的方法。

（3）地址自动配置：移动 IPv6 继承了 IPv6 的特性。使用无状态地址自动配置和邻居发现机制之后，移动 IPv6 既不需要 DHCP 也不需要外地代理来配置移动节点的转交地址。

（4）安全机制：移动 IPv6 可以为所有安全的要求使用 IPSec，如注册、授权、数据完整性保护和重发保护。通过 IPv6 中的 IPSec 可以对 IP 层上（也就是运行在 IP 层上的所有应用）的通信提供加密/授权。通过移动 IPv6 还可以实现远程企业内部网和虚拟专用网络的无缝接入，并且可以实现永远连接。

（5）路由优化：为了避免移动 IPv4 由于三角路由造成的带宽浪费，移动 IPv6 指定了路由优化机制，路由优化是移动 IPv4 的一个附加功能，却是移动 IPv6 的组成部分之一。

（6）入口过滤：移动 IPv6 能够与这种入口过滤方式毫无问题地兼容，一个在外地链路上的移动节点使用其转交地址作为数据包的源地址，并将其家乡地址包含在其家乡地址目标选项中，由于在外地链路中的转交地址是一个有效地址，所以数据包将顺利通过入口过滤。

（7）服务质量：服务质量是一个各种因素的综合问题，从协议的角度来看，与 IPv4 相比，IPv6 的新增优点是能提供差别服务，这是因为 IPv6 的头标增加了一个流标记域，共有 20 位长，这使得网络的任何中间点都能够确定并区别对待某个 IP 地址的数据流。另外，提供永远连接，防止服务中断以及提高网络性能，也提高了网络服务质量。

### 2. 移动 IPv6 的工作原理

当移动节点采用移动 IPv6 进行通信时，如果它连接在家乡链路上，便与固定主机和路由器一样工作。如果移动节点连接在外地链路上，那么其通信过程如图 5-27 所示。

（1）移动节点采用路由器搜索的方法，通过无状态自动配置、有状态自动配置或手工方式得到外地链路上的转交地址（CoA）。

（2）移动节点将它的 CoA 向家乡代理注册（发送绑定更新），家乡代理根据这一注册消息建立移动节点的家乡地址和转交地址的映射关系。当其他节点给移动节点发送数据时，数据会到达移动节点的家乡链路，家乡代理就可以把数据截获并发送到移动节点的当前位置。

（3）为了实现路由优化，移动节点还需要向通信节点注册，在通信节点接受移动节点的绑定之前，还需要执行返回路由可达过程，对移动节点当前位置的合法性进行验证。若验证通过，通信节点就会建立移动节点的家乡地址和当前转交地址之间的映射关系。

（4）注册完成后，移动节点就可以和通信节点直接进行交互，而不必经过家乡代理。当然，移动节点也可以通过家乡代理和通信节点进行通信，但路由效率会有所下降。

（5）如果有通信节点主动向移动节点发起通信，这时通信节点可能不知道移动节点位置的变化，还会把数据发送给移动节点的家乡链路。家乡代理截获这些数据并转发到移动节点的新转交地址时，移动节点看到数据是从家乡代理转过来的，就会判断出通信节点并不知道自己的位置变化。为了实现路由优化，移动节点可以向通信节点注册，以后的通信就不必经过家乡代理了。

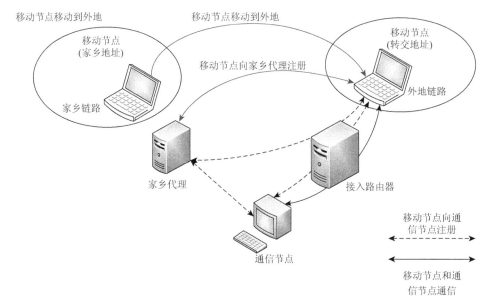

图 5-27　移动 IPv6 的工作原理

### 3. 移动 IPv6 的安全机制

互联网协议设计的原则之一是新协议的引入不会带来新的安全威胁，如果存在安全隐患，那么协议本身必须规定相应的安全机制。移动 IPv6 也不例外，对于前面描述的各种安全威胁，协议定义了相应的安全机制。

针对重放攻击，移动 IPv6 在注册消息中添加了序列号，并且在协议报文中引入了时间随机数 Nonce。归属代理和通信节点可以通过比较前后两个注册消息序列号，并结合 Nonce 的散列值，来判定注册消息是否为重放攻击。若消息序列号不匹配，或 Nonce 散列值不正确，则可视为过期注册消息，不予处理。

对<移动节点，通信节点>、<移动节点，归属代理>之间的信令消息传递的有效保护，能够防御其他形式的攻击。移动节点和归属代理之间可以建立 IPSec 安全联盟来保护信令消息和业务流量。由于移动节点归属地址和归属代理都是已知的，所以可以预先为移动节点和归属代理配置安全联盟，然后使用 IPSec AH 和 ESP 建立安全隧道，提供数据源认证、完整性检查、数据加密和重放攻击防护。

由于移动节点的转交地址是随着移动节点网络接入点的变化而不断变化的，且与之通信的节点也是变化的，所以无法预先配置建立二者之间的安全联盟，而且在全球互联网范围内很难实现公有密钥架构（public key infrastructure，PKI），不同的认证管理域也很难建立信任关系，所以无法通过公共密钥加密机制保护移动节点与通信节点之间的信令消息。鉴于此，移动 IPv6 定义了往返可路由过程（return routability procedure，RRP），通过产生绑定管理密钥来实现对移动节点和通信节点之间控制信令的保护。

1）移动节点和家乡代理间的安全

家乡代理通常由运营商部署及运维管理，而且移动节点通常也是运营商的可控用户（可通过 EMSI 或 CA 证书等手段对身份进行验证控制），因此，完全可以假设二者处于同一可信任域，可预先为移动节点和归属代理配置建立安全联盟。在 RFC3776 中，移动 IPv6 建议使用 IPSec 技术来实现移动节点和归属代理之间的信令信息保护，被保护的消息包括以下几个。

（1）移动节点和归属代理之间交换的绑定更新（binding update，BU）和绑定确认（binding acknowledgment，BA）消息。

（2）RRP 中，移动节点和归属代理之间的 Home Test Init 与 Home Test 消息。

（3）前缀发现过程中，移动节点和归属代理之间的_ICMPv6 消息。

（4）可选的，使用 IPSec 来保护移动节点和归属代理之间的净荷。

移动 IPv6 规定利用 IPSec 的 ESP 传输模式来保护从移动节点到归属代理之间的信令消息。使用 ESP 可以提供对数据源验证、数据完整性、数据内容的机密性、抗重播保护以及数据流机密性保证。

最新发布的 RFC4285 中，3GPP2 也提出了一种移动节点和归属代理的可选认证机制，该方案定义了移动 IPv6 专用的认证选项，用来实现移动节点和归属代理之间的认证。

2）移动节点和通信节点间的安全

往返可路由过程的目的在于使通信节点确认移动节点所宣称的归属地址和转交地址是可达的（只有在得到确认后），对端通信节点才会接收来自移动节点的绑定更新消息，并建立相应的绑定关系，然后将随后的流量转发到移动节点新的转交地址。

RRP 开始于移动节点，同时发送归属测试初始化（home test initial，HoTI）和转交测试初始化（care of test initial，CoTI）消息，HoTI 消息由移动节点的归属代理中转发送到对端通信节点，包含一个归属初始 Cookie。对端通信节点收到该消息后，回应一个归属测试（home test，HoT）消息，包含下列参数。

（1）归属初始 Cookie，该参数的值必须和 HoTI 消息的值相同。

（2）归属 Keygen 令牌的值为 First（64，HC-SHAl（$K$ 对端通信节点，（home

address J nonce J0)))，其中 $K$ 对端通信节点和 Nonce 都是由对端通信节点产生的随机数，用于产生归属 Keygen 令牌。

（3）归属 Nonce 索引，是对端通信节点产生 Nonce 值的索引，用以避免在消息中直接传送 Nonce 的值。CoTI 消息是由移动节点直接发送给对端通信节点的，包含一个转交测试 Cookie。对端通信节点收到该消息后，回应一个转交测试（care of test，CoT）消息，包含下列参数。

（1）转交 Cookie，该参数必须和 CoTI 消息相同。

（2）转交 Keygen 令牌的值为 First（64，HMAC-SHA1（$K$ 对端通信节点，（care of address nonce）））。

（3）转交 Nonce 索引和 Nonce 值的索引，避免在消息中直接传送 Nonce 值。

移动节点收到 Home Test 消息和 Care of Test 消息后，就完成了往返可路由过程，如图 5-28 所示。

移动节点将收到的归属 Cookie 和转交 Cookie 作为 Hash 函数的输入产生会话密钥，并用此密钥来认证绑定消息 Kbm=SHA1（home kengen token l care of kengen token）。接着移动节点向对端通信节点发送的绑定更新请求消息中就具备了足够的认证信息，绑定更新消息包含的参数有：移动节点的家乡地址；序列号；转交 Nonce 索引；First（96，HMAC-SHA1（Kbm，（care of address I 对端通信节点）））。

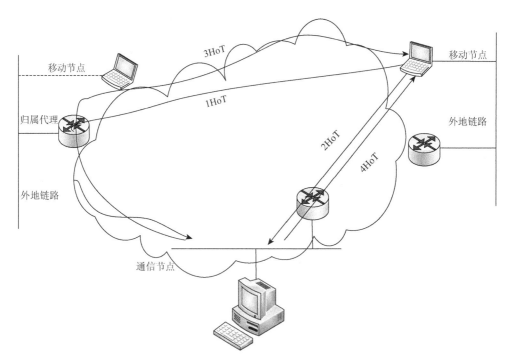

图 5-28　往返可路由过程示意

如果对端通信节点验证绑定更新消息确实为合法移动节点发送的，则对端通信节点会创建新的绑定列表选项，确认这个绑定更新。

4. 移动 IPv6 所面临的安全问题及相应对策

移动 IPv6 通过定义移动节点、家乡代理和通信节点之间的信令机制，在实现了三角路由优化的同时，也引入了新的安全威胁。

假如攻击者在移动节点、家乡代理和通信节点之间的通信链路上截获并篡改相关的信令报文，就能够轻易地发起攻击。目前，移动 IPv6 可能遭受的攻击主要包括拒绝服务攻击、重放攻击以及信息窃取攻击。

1）拒绝服务攻击

拒绝服务（denial of service，DoS）是指攻击者为阻止合法用户获得正常服务而采用的攻击手段。其中，服务中断的原因可能是系统被毁坏或暂时不可用，如摧毁计算机硬盘、物理设备和耗尽所有可用内存。在移动 IP 中具体的攻击形式如下。

（1）伪造请求攻击：攻击者向本地代理发出伪造的注册请求，把自己的 IP 地址当成移动节点的转交地址，在注册成功后，本地代理将根据攻击者注册的转交地址，把目的地址是移动节点的数据分组通过隧道发送给攻击者，攻击者得到应发送给移动节点的数据，而真正的移动节点却被拒绝服务，因此再也收不到任何数据。

对付这种攻击的有效方法是：对移动节点和本地代理之间交换的所有注册信息进行有效性验证。移动节点与本地代理共享密钥，移动节点采用 Keyed MD5（message digest 5）算法，计算注册请求信息和共享密钥的信息摘要，得到定长为 16 字节的信息摘要，移动节点把信息摘要放入注册请求信息的移动-本地认证扩展的认证域中，组成一个具有认证和完整性检查功能的注册请求信息。当此信息到达本地代理后，本地代理利用和移动节点共享的密钥计算信息得到信息摘要，把它与信息认证域中的信息摘要比较，如果相等，则说明是真正移动节点发出的注册请求，并且这个请求在传送过程中没有被篡改；如果不相等，则丢弃这个数据分组。本地代理向移动节点回送的注册应答信息同样采用信息摘要的方法。

（2）泛洪攻击：TCP SYN 泛洪攻击对采用 TCP/IP 的网络都具有攻击能力，这种攻击是利用 TCP/IP 自身的设计缺陷实施攻击的。由于服务器收到 TCP 连接请求数据包后，会为每一个请求分配一定的内存和其他资源。此时若服务器缺乏必要的自身保护能力，攻击者就可利用 TCP 的这一设计缺陷，向服务器不断地发送 TCP 请求数据包，以（TCP 连接请求）数据分组不断"轰炸"服务器，服务器不得不处理这些请求，并为每一个请求分配一块内存和其他资源，使服务器的 CPU 忙于处理这些无用的数据分组或耗尽内存，达到耗尽服务器资源的目的，从而使得服务器无法处理正常的连接请求，或直接导致服务器崩溃。因为目前的单播数据分组的路由只依赖于目的地址，并不一定要查看源地址，所以攻击者将数据分组的源地址设置成一个不存在的地址或一个不合法的地址来欺骗，都能使合法的移动节点被拒绝服务。

到目前为止，还没有较好的技术方法解决这类攻击，但包过滤技术（IP filtering or packet filtering）可以减轻它的威胁。包过滤技术的原理在于监视并过滤网络上流入和流出的 IP 包，拒绝发送可疑的包。路由器设置包过滤技术：一个数据分组进入路由器后，如果路由器发现通常到达该数据分组源地址所属网络端口地址与其进入的端口不相符，则怀疑该源地址是假冒的，于是将该数据分组丢弃。但黑客可以继续假冒网络中的某个 IP 地址，发起攻击。如果所有的 ISP 都设置包过滤技术，就可以把这种攻击的数据分组封锁在其发起地，而不会殃及外面的网络。

但包过滤技术也严重影响了位于外地链路上的移动节点发出的数据分组，因为一个连接在外地链路上的移动节点发出的数据分组以本地地址为源地址，而路由器认为该地址应位于移动节点的本地链路上，因此将其丢弃。

这个问题可以通过两种方法来解决。一种方法是移动节点使用配置转交地址作为发送数据包的源地址。这种方法实现简单，但存在很大的局限性，因为有些网络注册系统只允许 IP 地址在一定范围内的用户访问，配置转交地址可能处于未经授权的地址范围内，从而无法享用申请的服务。此外，还可以采用反向隧道技术解决包过滤技术给移动 IP 带来的这个问题。注册移动节点时，可以申请反向隧道服务，将自己产生的数据分组加以隧道封装后再送到本地代理，根据移动节点采用的是外地转交地址还是配置转交地址，封装工作可以由外地代理或移动节点完成。封装后的数据分组的源地址和目的地址在拓扑上都是正确的，不会被过滤机制丢弃。

2）重放攻击

重放攻击是指非法人员将一条有效的注册请求消息保存起来，过一段时间后再重新发送这个消息，从而注册一个伪造的转交地址。为防止重放攻击的发生，移动节点为每一个连续的注册消息标识域产生一个唯一值。利用这个值，家乡代理可以知道下一个值应该是多少，从而使得被非法人员保存下来的注册消息被家乡代理判定为已经过时的注册消息而不予处理。

针对重放攻击，移动 IP 定义了两种填写标识域的方法。

（1）利用时间标签，移动节点将当前估计日期和时间填写进标识域，如果这种估计和家乡代理估计的时间不够接近，则家乡代理拒绝这个注册请求，并提供一定的同步信息给移动节点来同步其时钟。

（2）采用 Nonces 算法，移动节点向家乡代理规定向移动节点发送下一个应答消息标识域的低半部分中必须放置的值，相反，家乡代理向移动节点规定下一个注册请求消息标识域的高半部分中必须放置的值。任一节点接收到的注册消息的标识域与期望不符，若该节点为家乡节点，则它拒绝这条消息；若是移动节点则不理会这条消息。

3）信息窃取攻击

移动 IP 面临的另一种安全威胁是信息的窃取，窃取信息攻击可分为被动的侦听和主动的会话窃取。

（1）被动的侦听。

移动 IP 可以使用包括无线链路在内的多种传输媒介，由于无线链路的信道特性，攻击者不需要物理地连接到网络上就可以进行侦听。即使通信信道全部是有线链路，未经授权的用户也可能设法接入网络进行侦听。

对付这种攻击，可以根据实际情况采用数据链路层加密或端到端加密的方法。数据链路层加密通常是对通信路径中保密性能较差的无线链路进行加密，而端到端加密则是对整个通信路径进行加密。采用端到端加密是一种更为有效的防止窃取信息攻击的方法，目前采用端到端加密的应用很多，例如，安全套接字协议能为网站和 WWW 浏览器提供端到端加密的功能；封装安全净荷（ESP）可以为不能支持加密的应用程序提供端到端的加密功能，它不仅可以对应用层数据和协议报头加密，还能对传输层报头加密，从而可以防止攻击者推测出运行的是哪种应用，具有较好的安全特性。而且数据链路层加密不能贯穿通信全程，在不同的通信介质交汇处易受到攻击，加上移动 IP 经过的链路比较多，因此最好的方法是采用端到端加密。这样，不论链路是有线还是无线的，在网络的任何一点上，数据均得到保护，而不是只能对网络的一部分有效；同时只在目的地对数据解密，既保证了网络安全，又减轻了网络负担，降低了传输时延。

（2）会话窃取攻击。

会话窃取攻击是指非法人员在一个合法节点经过认证并开始会话后，通过假扮合法节点窃取会话。在这种情况下，一般假扮者会发送大量的数据包给移动节点，以防止移动节点发现通信会话已被窃取。

按假扮者的窃取位置，会话窃取一般可分为外地链路上的窃取和其他链路上的窃取。外地链路上的窃取是指假扮者位于外地链路上，这种会话窃取攻击一般由下面几部分构成。首先，攻击者等待移动节点向他的家乡代理注册，窃听到一个感兴趣的会话。其次，攻击者向移动节点发送大量的无用数据包，占用移动节点的全部 CPU 时间。最后，攻击者假冒移动节点发出数据包给家乡代理，并截取发往移动节点的数据包，从而达到窃取会话的目的。

防止会话被窃取通常也采用对数据进行加密的方式。这样，攻击者窃取会话的数据包后，还必须对其进行解密才能得到可读的明文，加大了信息被窃取的难度。其他链路上的会话窃取是指攻击者在家乡代理和通信终端之间的路径上的某一点接入网络，同外地链路上的窃取相比较，这种会话窃取攻击使得只对外地链路上采用数据链路层加密不再有效，攻击者可以窃取所接链路上的所有会话。在这种情况下，一般采用端对端的加密方法来防止会话被非法窃取。

## 5.5　本章小结

移动互联网有别于传统的互联网通信网络，它由接入网与 IP 承载网组成，这是移动通信网与互联网的融合，改变原有网络的固有通信模式的同时，拓宽了网络发展的延伸方向，由于 IP 化后的移动通信网作为移动通信网的一部分，使其网络的可溯源性与安全性在一定程度上降低。同时，移动互联网和传统的固定接入式互联网面临着相似的安全威胁，并且由于其自身移动网络、业务的特点，其还面临如信令和协议中的各种缺陷、设备操作系统中的漏洞、记忆脆弱的网络拓扑结构等相关威胁和隐患。由此可见，移动互联网的安全形势更加严峻。目前已有的 GSM 系统、具有安全架构的 3G 网络以及 WiFi 接入技术都隐藏着不少潜在威胁。尽管移动 IPv4 与移动 IPv6 技术可以解决部分问题，但保障移动互联网的安全仍旧任重道远。

## 参 考 文 献

Fang Y G, Zhu X Y, Zhang Y C, et al. 2009. Securing resource-constrained wireless ad hoc networks. IEEE Wireless Communications, 16(2): 24-30.

Hamad F. 2009. Energy-aware security in m-commerce and the Internet of things. IETE Technical Review, 26(5): 357-362.

Hilarie O. 2013. Did you want privacy with that? Personal data protection in mobile devices. IEEE Internet Computing, 17(3): 83-86.

Qing L, Greg C. 2013. Mobile security: A look ahead. IEEE Security Privacy, 11(1): 78-81.

Sung Y C, Lin Y B. 2008. IPSec-based VoIP performance in WLAN environments. IEEE Internet Computing, 12(6): 77-82.

TalebiFard P. 2010. Access and service convergence over the mobile internet: A survey. Computer Networks, 54(4): 545.

Xenakis C, Merakos L. 2002. On demand network-wide VPN deployment in GPRS. IEEE Network, 16(6): 28-37.

Xie B, Kumar A, Agrawal D P, et al. 2008. Secure interconnection protocol for integrated Internet and ad hoc networks. Wireless Communications & Mobile Computing, 8(9): 1129-1148.

Xu Q F, Guo J, Xiao B, et al. 2012. The study of content security for mobile Internet. Wireless Personal Communications, 66(3): 523-539.

# 第6章　移动互联网应用安全

第 4 章和第 5 章分别讨论了移动互联网终端和网络层的安全问题和机制，在最近几年里，随着移动互联网逐渐渗透到人们生活、工作的各个领域，短信、图铃下载、移动音乐、手机游戏、视频应用、手机支付、位置服务等丰富多彩的移动互联网应用也在迅猛发展，它们正一步一步改变着信息时代人们的社会生活。然而，随之而来的应用的安全问题层出不穷，本章讨论移动互联网中的应用层的安全问题。

## 6.1　移动互联网应用概述

移动互联网业务和应用包括移动环境下的网页浏览、文件下载、位置服务、在线游戏、视频浏览和下载等业务。随着宽带无线移动通信技术的进一步发展和 Web 应用技术的不断创新，移动互联网业务的发展将成为继宽带技术后互联网发展的又一个推动力，为互联网的发展提供了一个新的平台，使得互联网更加普及，并以移动应用固有的随身性、可鉴权、可识别身份等独特优势，为传统的互联网业务提供了新的发展空间和可持续发展的新的商业模式。同时，移动互联网业务的发展为移动网带来了无尽的应用空间，促进了移动网络的发展，移动互联网业务正在成长为移动运营商业务发展的战略重点。

### 6.1.1　移动互联网应用的分类

移动互联网应用纷繁复杂，按照应用本身的性质和人们对此的需求，可以将移动互联网的应用大体分为以下几类。

1）资讯

资讯类的应用服务主要有新闻定制、交通报告及更新、信息检索和带有地理位置的天气预报。以新闻定制为代表的媒体短信服务是普通用户最早大规模使用的短信服务。目前这种资讯定制服务已经从新闻走向社会生活的各个领域，包括股票、天气、商场、保险等领域。随着 2009 年 3G 网络的部署和逐步实现以及各种智能手机的不断上市，移动互联网催生了第五媒体——手机媒体，而手机网民的迅速增长也捧红了一批诸如无线网址导航、手机新闻客户端等移动互联网应用。

2）娱乐

娱乐类的应用服务主要包括手机网络游戏、无线音乐和娱乐资讯等。手机网络游戏行业在多年的技术经验和运营经验的积累和总结后，迫不及待地需要创新出新的游戏模式和新的运营方式。无线音乐专区是综合彩铃下载、新歌抢听、歌迷俱乐部的音乐专区，它以无线音乐俱乐部为核心业务，具体包括现有的彩铃、振铃、无线搜索、无线首发等业务。3G 时代，只要安装一个手机音乐软件，就能通过手机网络随时随地让手机变身音乐魔盒，轻松收纳无数首歌曲，下载速度快，耗费流量几乎可以忽略不计。

3）沟通

沟通类的应用服务主要有移动 QQ 和飞信等。通过移动 QQ 和 QQ 信使服务，手机用户和 QQ 用户实现了双向交流，同时极大地增加了移动 QQ 和桌面 QQ 两项通信业务的价值。中国移动推出的飞信业务可以实现即时消息、短信、语音、GPRS 等多种通信方式，保证用户永不离线。飞信能够满足用户以匿名形式进行文字和语音沟通的需求，在真正意义上为使用者创造了一个不受约束、不受限制、安全沟通和交流的通信平台。

4）个人信息服务

个人信息服务有电子邮件和个人信息管理。无线电子邮件使得传统电子邮件的功能更加强大。用户能从任何地方访问及回复电子邮件信息，而不受办公室及家庭等地点的束缚，各种实现形式的移动电子邮件已经成为可能。个人信息管理（PIM）是商务人员在工作中提高效率所依靠的主要应用之一，这个应用组包括许多工具，如日历、日程表、联系、地址簿、杂事列表。PIM 同电子邮件一道被认为是最有用的应用之一，这些应用使用户能在旅行中安排会议或者维护联系目录。

5）移动电子商务

移动电子商务应用服务主要有电子银行、账单支付、在线交易、电子购物及服务、无线医疗等。用户可以通过电子银行查询账目收支情况，在账户和银行之间转移资金，或者获得临时贷款额度。随着手机产业的发展，在线交易和电子购物变得越来越流行。例如，中国联通的掌上股市业务，用户进入"互动视界"，选择"掌上股市交易版"，就可以看到该栏目下的所有带交易功能的软件。用户还可以通过移动电子商务预订飞机票、电影票、戏剧票、送花服务以及从自动售货机上购物等。

6）手机定位与导航

手机定位是指通过特定的定位技术来获取移动手机或终端用户的位置信息（经纬度坐标），在电子地图上标出被定位对象的位置的技术或服务。其主要应用有：定位老人和儿童，主要是出于安全和关心的需求；企业对车辆的管理，出于 GPS 成本高以及地下室无信号的原因,有些物流企业采用了手机 GSM 定位技术方案。手机导航能够告诉用户在地图中所在的位置,以及要去的地方在地图中的位置,并且能够在用户所在的位置和目的位置之间选择最佳路线,在行进过程中提示左转还是右转。

## 6.1.2　移动互联网应用发展现状及趋势

伴随着 3G 网络的普及以及智能机的市场占有率的提升,无线手机应用种类及数目迅速增长。手机上的应用涉及音乐、阅读、手机游戏、移动即时通信、手机邮箱、手机电视、手机炒股、社区、航信通、彩信照片冲洗、信息管家、手机动漫等。在这些无线应用中,哪些应用是用户比较关注的呢?根据 Frost & Sullivan 统计的数据,图 6-1 为 2012 年年底无线应用用户数情况。

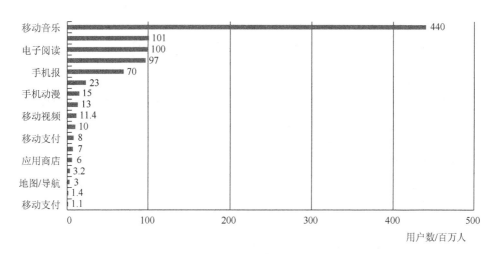

图 6-1　2012 年年底无线应用用户数情况

图 6-2 为 2011~2012 年无线应用用户数增长情况。

从上面两组数据可以看出,目前用户关注的重点业务还偏重于实际应用。根据手机和移动互联网技术的发展以及用户的需求调查,有专家预测中国未来移动互联网应用的发展趋势如下。

1)手机游戏领域将快速发展

近年来,手机游戏一直是投资者关注的重点领域,同时也是移动互联网产业中发展最早也最为成熟的一个领域,用户习惯逐年养成,但在产品种类、创意开发以及运营模式上仍存在一定欠缺,因此这一市场仍存在巨大的发展潜力。3G 网络商用后,突破了网络连接质量的瓶颈,网络和终端提升加快,加上两网融合的趋势,内容服务逐步丰富。

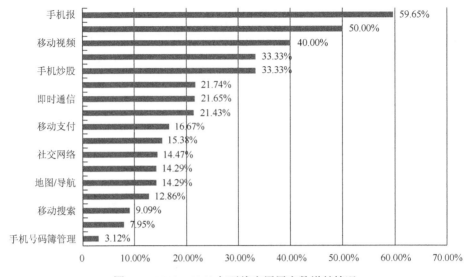

图 6-2　2009～2010 年无线应用用户数增长情况

2）位置服务将得到运营商青睐

由于位置服务方面存在一定的政策壁垒，是运营商一直占据较大优势的领域，而利用 3G 网络，以位置服务为基础整合移动互联网其他内容服务（社区、搜索）等将成为运营商值得探索的领域。

3）移动搜索将向垂直化方向发展

受到终端、资费等多种因素的影响，移动搜索的用户需求存在较大的特定性，因此，呈现出垂直化发展的趋势。例如，生活服务类信息搜索、音乐类搜索、地图及交通等都是移动搜索发展较快的领域。此外，"搜索+位置服务"将成为移动互联网服务整合的重要平台，如与电子商务和与社区的整合。

4）移动社区发展潜力巨大

目前，全球移动社区网络发展迅速，移动互联网流量 40% 都指向社区服务，尤其在韩国、欧美、南非、印尼等地发展迅速，全球用户数约 1400 万，市场规模达到 6 亿美元。全球著名的电信运营商，如韩国 SKT、Vodafone、Verizon 等都在移动社区方面取得了成功的经验，中国移动也推出了 139 社区。

## 6.2　移动互联网应用的安全威胁

一些移动互联网的新型融合性应用，如移动电子商务、定位系统，以及飞信、QQ 等即时通信业务和移动通信传统业务（语音、彩信、短信等）充分融合，业务环节和参与设备相对增加很多。同时由于移动业务带有明显的个性化特征，且拥有如用户位置、通讯录、交易密码等用户隐私信息，所以这类业务应用一般都具有很强的信息安全敏感度。正是基于以上特征，再加上移动互联网潜在的巨大用户群，移动业务应用面临的安全威胁将会具有更新的攻击目的、更多样化的攻击方式和更大的攻击规模。

移动应用层面的安全威胁包括非法访问业务、非法访问数据、拒绝服务攻击、垃圾信息泛滥、不良信息的传播、个人隐私和敏感信息的泄露、内容版权盗用和不合理的使用等问题。

根据 360 手机云安全中心统计，2011 年 1～12 月，Android 平台新增恶意软件及木马 4722 个，被感染人数超过 498 万人次；Symbian 平台新增恶意软件及木马 3992 个，被感染人数超过 2255 万人次。

网秦数据统计中心统计数据显示，2012 年第一季度查杀到 Android 手机恶意应用软件 3523 款，直接感染手机 412 万部。在恶意软件特征方面，隐私窃取类以 24.3% 的感染比例位居首位，远程控制、恶意扣费、系统破坏类、资费消耗类则分别以 22.6%、21.5%、11.7%、8.4% 的比例位居其后。在传播途径方面，应用商店（Google 官方应用商店及第三方应用商店）是恶意软件的主要传播途径，以 28.4% 的传播比例居首，手机论坛、WWW/WAP 网站和刷机包则分别以 26.3%、13.6%、8.3% 的比例紧随其后。

根据 Frost & Sullivan 的调查统计，具有显著安全隐患的业务有手机游戏类、手机炒股类、即时通信类、移动电子商务类和手机号码簿管理类等，而另外也有一些应用业务存在着潜在的安全隐患，如移动应用商店、手机电子邮箱、社交网站、手机定位、旅行预订等。

目前移动安全形式依然严峻，且黑客正在不断利用不同的攻击技术和手机新的漏洞、隐患来发起攻击，例如，在智能手机平台存在的关于移动应用软件的安全威胁具有以下特点。

1）恶意软件批量植入数十乃至数百款手机应用软件之中

当前，手机恶意软件存在一个显著的特征，就是伪装对象极多，网秦数据统计中心统计结果显示，2005～2011 年手机恶意软件增长趋势如图 6-3 所示。

2011 年 2 月被网秦率先截获的"安卓吸费王"恶意软件自首次发现至今，累计植入应用程序多达 700 款以上，"短信大盗"、"短信窃贼"等恶意软件的伪装对象也达 50～100 个，批量植入、传播成为其主要特质。究其原因，由于 Android 应用开发主要使用 Java 语言，Java 语言本身反编译较为容易，恶意程序开发者可以反编译获取应用源码，继而修改源代码并植入恶意插件程序代码，最后重新编译生成新应用程序包，采用该方式生成的新应用仍然保留了原应用的正常功能，从而具有较高的欺骗性。该方法可以批量进行，使得恶意软件的数目和种类剧增，网秦云安全检测平台统计的数据显示，2011 年中国大陆地区手机恶意软件特征分类如图 6-4 所示。

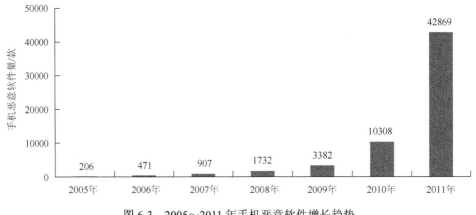

图 6-3　2005～2011 年手机恶意软件增长趋势

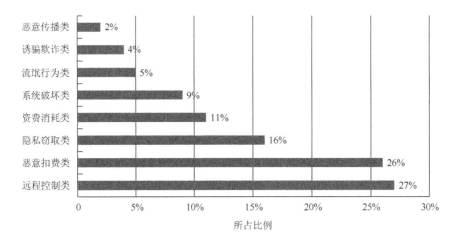

图 6-4　2011 年中国大陆地区手机恶意软件分类及所占比例

2）应用程序发布前缺乏安全审核

Symbian、Android 智能手机能快速获得用户的认可和欢迎，源于其可提供大量的手机应用程序，包括通过第三方接口接纳更多的开发团队加入。移动应用调研公司 Distimo 在 2012 年 1 月的调研数据显示，Android 应用商店中的应用程序已超过 40 万个，但在海量应用为用户提供便捷服务的同时，也受到了安全审核机制的限制，其中正潜在大量的安全风险。实际上，造成 Android 恶意软件肆意传播的原因在于当前应用商店存在的审核隐患。

3）病毒易传播

随着移动互联网的发展，越来越多的黑客和病毒编写者将无线网络和移动终端作为攻击对象。由于无线用户之间交互的频率很高，病毒可以通过无线网络迅速传播，再加上有些跨平台的病毒可以通过固定网络传播，这样传播的速度就会进一步加快。此外，移动终端的运算能力有限，移动设备的多样化以及使用软件平台的多种多样，使其感染病毒的方式也随之多样化，这给采取防范措施带来很大的困难。

# 6.3　典型的移动互联网应用的安全

## 6.3.1　移动通信类的安全

### 1. 移动即时通信的概念及模型

移动即时通信（instant messaging，IM）是一种基于网络的实时通信方式，国内主要包括移动 QQ、飞信、手机阿里旺旺、手机 MSN 等。即时通信系统有两个基本的特征：①用户之间可以订阅彼此的在场信息（presence information），这样当其状态发生变化（如由"在线"变为"离开"）时系统会通知对方；②用户之间可以实时地交换消息。

因此，在即时通信模型中，包含两种基本的服务，在场服务（presence service）和即时消息服务（instant message service）。在场服务为用户提供联系人的列表，识别联系人的状态，以及将自己的状态分发到各个联系人；即时消息服务用于处理联系双方的通信过程，负责将消息在通信双方之间进行传送，同时提供一定的消息存储能力。即时通信模型如图 6-5 所示。

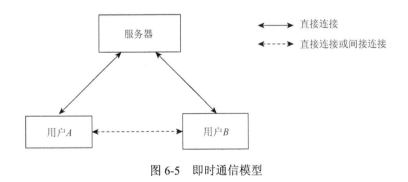

图 6-5　即时通信模型

### 2. 移动 IM 面临的主要威胁

由于即时通信具有方便、高效、廉价和即时等优点，所以 IM 软件正迅速成为个人应用和企业应用的一个重要的通信工具。但是，由于源自如网络聊天、层对层的文件交换等个人应用背景，而且它不但提供了文本消息的传递，同时能够用于文件的传递，这就使得 IM 系统逐渐成为蠕虫和病毒的载体，IM 系统在安全性、可靠性方面都存在一定的问题，使得人们在享受 IM 所带来的高效便捷的同时，也面临着各种各样的安全威胁。移动 IM 面对的安全威胁主要有以下几种。

1）通信连接的安全

对当前大部分 IM 系统而言，一个很大的安全威胁在于其开放、不安全的连接。这些系统对于保障 IM 连接安全缺乏足够有效的措施，包括客户端与服务器、客户端之间以及服务器之间。一旦通过登录时的身份认证，其通信连接普遍缺乏认证、机密性和完整性保护，这使得攻击者可以窃听通信信息、劫持会话、重放攻击等。

（1）窃听通信信息：IM 系统一般基于 Internet，要求实现点到点的安全和端到端的安全。而当前一些主流的 IM 产品仍使用明文传输，如 MSN，而仅对口令加密，因此在传输阶段通信信息极易被窃听，利用简单的网络嗅探软件和协议分析就可以还原出聊天信息。这种攻击属于被动攻击，依赖于用户的通信行为。

（2）会话劫持：可以把会话劫持攻击分为两种类型，即中间人攻击（man in the middle，MITM）和注射式攻击（injection）。

中间人攻击：攻击的目标是模仿呼叫者或被呼叫者，然后信息通过攻击者接入整个通信，而通信双方并不知道被窃听。如图 6-6 所示，A 和 C 通信时，第三方 B 位于通信连接的中间，对 A 声称自己是 C，对 C 声称自己是 A，这样 A 与 C 之间的通信实际上就变成了 A-B-C 模式，而 B 就是中间人。

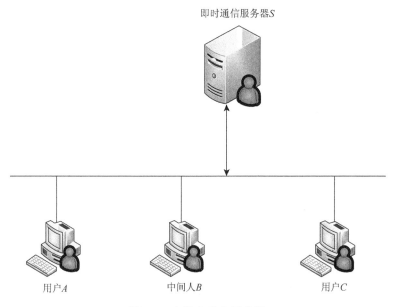

图 6-6　中间人攻击示意图

注射式攻击：这种攻击方式的会话劫持比中间人攻击实现起来简单一些，它不会改变会话双方的通信数据流，而是在双方正常的通信流中插入恶意数据。如果 IM 系统不对其通信信息进行完整性保护，这种攻击很容易成功。

（3）重放攻击：这是最基本、最常用且危害性最大的一种攻击形式。攻击者窃听一个正常的通信双方的通信数据包，然后重新发送这些数据包来欺骗某一通信方完成与上次相同的通信流程。如图 6-7 所示，在即时通信服务器 S 和用户 A 之间有一攻击者，M1、M2、M3 为 S 和 A 之间的三个通信数据包。攻击者截获了这三个数据包之后，假装用户 A 向 S 发送 M1，若此时 S 返回的 M2 与先前发送给 A 的数据包相同，那么攻击者向 S 发送 M3 就能正确地回答问题请求，从而进入密钥交换协议的下一步骤。

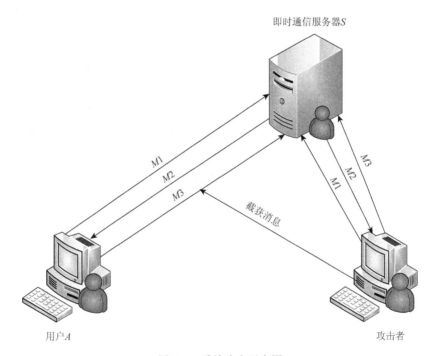

图 6-7　重放攻击示意图

**2）IM 蠕虫病毒传播**

IM 蠕虫是一种利用即时通信系统和即时通信协议的漏洞或者技术特征进行攻击，并在即时通信网络内传播的蠕虫。通常 IM 蠕虫感染用户主机后，都是通过查找用户的联系人列表，然后自动发送带有恶意 URL 链接的文本消息和文件传输请求消息来达到其传播目的。由于即时通信具有及时性和普及性，安全威胁传播速度极快。普通的蠕虫传播的一个重要步骤是扫描目标主机，而 IM 蠕虫则借助 IM 软件的联系人列表可以成倍地提高发现目标主机的速度和效率，大大加快传播速度。

IM 蠕虫的主要威胁有两类：①自动向 IM 客户端发送大量垃圾消息，阻塞带宽，造成客户端无法正常使用；②欺骗用户单击自动发送的消息中的链接，从预先指定的服务器下载其他恶意软件，然后在本地运行，窃取用户 IM 账户或其他信息，甚至进一步获取系统控制权，实现其他攻击目的。

3）IM 系统自身的安全缺陷

IM 系统一般基于 C/S 或 P2P 的方式。在 P2P 方式下，IM 用户之间直接通信时其 IP 很容易泄露给中间人和通信对方，成为遭受扫描和攻击的第一道缺口。P2P 方式不经过 IM 服务器，易受到信息拦截攻击，使其不能进行正常通信。C/S 方式虽然由服务器转发信息，可以进行验证，但客户端之间也互相不知道通信地址。同时服务器不一定可信，可能成为中间人攻击的发起点。

一些 IM 软件在设计方面存在缺陷，包括安全相关的配置信息和通信记录等信息的保存。例如，大部分 IM 软件都提供记住口令，以便下一次登录时无须再一次输入验证，但其中一些 IM 软件缺乏有效的安全措施来保护加密后的口令，攻击者可以对其进行离线字典猜测攻击。还有一些 IM 软件将相关配置信息以明文形式保存在文件中或注册表中，攻击者很容易通过黑客工具修改这些信息，从而绕开安全设置对用户进行攻击。此外，一些 IM 软件对用户的通信记录保护措施不够。例如，MSN 的通信记录就是以明文形式保存的，这不但会造成用户隐私信息的泄露，而且无法为用户提供基于通信消息的抗抵赖性证明。

4）IM 的网络钓鱼

继利用电子邮件和网站等方式开展网络钓鱼之后，以即时通信软件作为网络钓鱼行为正越来越多地被诈骗者实施。比较常见的手法是利用即时通信软件发送消息将用户导向陷阱以及冒充即时通信供应商开展某种活动骗取用户的敏感信息等。例如，雅虎就曾经证实其即时通信工具雅虎通的用户曾经接收到类似的诱骗信息，将用户导向诈骗者的网站；而国内也曾发现过很多以赠送 Q 币为名获取 QQ 密码和传播恶意代码的网站。

**3. 移动 IM 威胁的解决方案**

1）移动 IM 连接安全和数据交换安全保护策略

为了保障 IM 系统的通信连接安全，可以采用 SSL 来保护 IM 系统中的通信连接，不论 IM 客户端与 IM 服务器的连接还是 IM 客户端之间的连接都用 SSL 进行保护，通过互相认证、加密和签名等操作为这些连接提供认证、机密性和完整性保护。

为了保障 IM 系统的数据交换安全，将 PKI 机制引入即时通信领域。PKI 机制中一个很重要的概念就是公钥和私钥，每个用户都有其配对的公钥和私钥，公钥是公开的，私钥由用户自己保存，公钥用于对数据进行加密和验证签名，私钥用于对数据进行解密和签名。在 PKI 体系中，用户的公钥一般以数字证书为载体，数字证书是由权威认证机构 CA（certificate authority）颁发的，它包含了用户的公钥以及用户的相关身份信息，可以作为用户的电子身份凭证；用户的私钥由 CA 发布给用户，根据用户安全需求的不同，CA 将私钥发布给用户的方式也不同，可能是在用户申请数字证书服务的时候通过 Web 方式将用户的私钥直接安装到用户的计算机中，也可能是以 PFX 文件（通过口令进行保护）的形式将私钥发布给用户，更为安全的方式是，CA 将用户的私钥注入 USB、Key（智能密码钥匙）等物理载体中，然后将物理载体颁发给用户。

　　当每个 IM 用户都配置了数字证书和私钥之后，就可以通过对 IM 系统中传输的数据进行加密、签名等处理来保障数据交换的安全了。下面以用户之间的即时消息通信为例来进行说明，当用户 A 要给用户 B 发送即时消息 M 时，如图 6-8 所示，A 可以用 B 的公钥对该消息进行加密得到 M1，接着用自己的私钥对 M1 进行签名得到 S，然后将 M1+S 发送给 B，B 接收到 M1+S 后用 A 的公钥进行验证签名，验证通过则说明 M1+S 在传输的过程中没有被篡改，此时 B 可以用自己的私钥对 M1 进行解密得到原始明文消息 M。

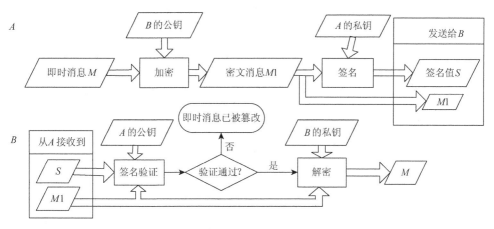

图 6-8　即时消息安全交换示意图

　　通过对 IM 系统中传输的数据（即时消息、文件等）进行加密、签名等安全处理以及相应的验证签名、解密等处理，可以为这些数据提供机密性、完整性和抗抵赖性保护，保障 IM 系统的数据交换安全。

　　2）配置信息和通信记录安全存储策略

　　为了保护 IM 系统中的配置信息，可以对这些信息进行加密保护，根据用户安全需求的不同可以采取不同的加密方式。当用户的安全需求不是很高时，可以采用口令进行加密；当用户的安全需求比较高时，可以采用用户的私钥进行加密。当用户要访问这些配置信息时，首先要进行解密，当配置信息改变之后要重新对其进行加密。这样，通过对配置信息进行加密保护，可以阻止攻击者修改 IM 系统的重要配置而绕开系统的安全防线对用户进行攻击。

为了保护 IM 用户的通信记录，可以用加密、签名的形式保存通信记录。当用户 A 给用户 B 发送即时消息 M 时，A 首先用自己的私钥对 M 进行加密得到 M1 并将它保存在本机，接着用 B 的公钥对 M 进行加密得到 M2，用自己的私钥对 M2 进行签名得到 S，将 M2+S 发送给 B，B 接收到 M2+S 之后首先进行保存，接着验证签名并解密，以得到原始明文消息 M。安全存储过程如图 6-9 所示。

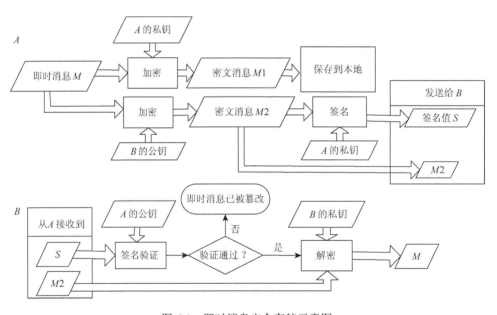

图 6-9　即时消息安全存储示意图

整个过程保证了不论用户发送出去的消息还是用户接收到的消息都是以密文形式保存在 IM 系统中，即使攻击者能够接触到这些通信记录，也会因无法解密而无法读取其中的信息，保障了通信记录的机密性。此外，将对方签名后的即时消息保存在本机也可以为通信记录提供完整性和抗抵赖性保护。

3）IM 系统中蠕虫病毒的防范措施

目前，业内研究者和厂商已经提出了一些建议和方案来防范 IM 蠕虫病毒攻击。IM 用户被要求及时对操作系统、IM 客户端和反病毒软件进行更新，并谨慎处理所接收到的包含 URL 链接的消息和文件传输请求消息。此外，不少 IM 系统已经开始提供一些与反病毒软件相结合的功能，例如，允许用户进行配置，以便在接收到文件之后对其进行病毒扫描。虽然上述解决方案发挥了一定的作用，但它们都是在 IM 系统外部对 IM 蠕虫病毒进行防范，这种处理方式比较被动，当新的蠕虫病毒或某一蠕虫病毒的变种出现之后，操作系统、IM 系统以及反病毒软件的厂商就必须尽快研究出解决方案，以使得 IM 用户能够尽早采取防御措施来应对相应的威胁。

还有一种较为主动的应对方式是 Williamson 提出的 IM 服务器对每个 IM 用户所发出的消息进行监控。通常，IM 用户在一个时段内只跟其联系人列表中的一小部分用户联系，变化不会太大，而蠕虫病毒则试图给用户的所有联系人发送消息。因此，Williamson 提议为每个用户维护一个记录用户最近联系人的工作列表和一个延迟消息队列。对于用户所发出的每一条消息，如果其接收者在工作列表中，则系统即时转发该消息，否则将其放入延迟消息队列待稍后转发。系统有规律地更新工作列表和延迟消息队列，当延迟消息队列的长度超过预定的阈值时，则可能受到了蠕虫病毒的攻击，此时系统将暂时截留来自该用户的消息并请求用户进行干预，让用户对延迟消息队列中的消息的合法性进行确认，以避免可能的蠕虫病毒攻击，其防护过程如图 6-10 所示。

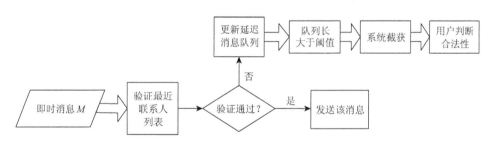

图 6-10　IM 系统蠕虫病毒防护过程示意图

## 6.3.2　移动电子商务类的安全

### 1. 移动电子商务及其提供的服务

1）移动电子商务概念及特点

移动电子商务是指通过无线网络，利用手机、PDA、掌上电脑、呼机等移动通信设备与因特网有机结合进行的电子商务活动。移动电子商务是电子商务的一个新分支，但是从应用角度来看，它的发展是对有线电子商务的补充与扩展，是电子商务发展的新形态。移动电子商务将传统的商务和已经发展起来的但是分散的电子商务整合起来，将各种业务流程从有线向无线转移和完善，是一种新的突破，移动电子商务的网络结构如图 6-11 所示。

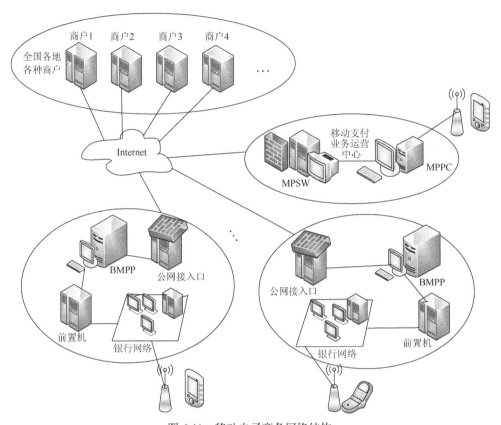

图 6-11　移动电子商务网络结构

移动电子商务一方面具有电子商务的特点，另一方面具有移动通信的特点，总体来看，移动电子商务具有以下特点。

（1）安全性：这是移动电子商务的核心问题，要求网络能提供一种可靠的安全解决方案，如加密机制、签名机制、安全管理、存取控制、防火墙、防病毒保护等。

（2）方便性：在移动电子商务环境中，人们不再受地域的限制，用户能以非常便捷的方式完成过去较为繁杂的商务活动，如通过网络银行能够全天候地存取资金、查询账户信息等，同时使得企业对客户的服务质量大大提高。

（3）实时性：交易不论成功与否，都能迅速得到响应信息，还能立即确认账户，大大提高了工作效率。

（4）普遍性：移动电子商务作为一种新型的交易方式，将生产企业、流通企业以及消费者和政府带入了一个网络经济、数字化生存的新天地。

（5）协调性：商务活动本身是一个协调过程，它需要客户与公司内部、生产商、批发商、零售商间的协调，在移动电子商务的环境里，它更要求银行、配送部门、通信部门、技术服务等多个部门的通力协作。

2）移动电子商务提供的服务

移动电子商务的应用范围是很广泛的，不仅可以提供个人化的移动商务服务，还可以提供企业级移动化应用解决方案，同时可以发挥移动媒体的信息传播威力。因此，移动电子商务主要提供的服务有 PIM（个人信息服务）、银行业务、账单支付、在线交易、订票、购物、娱乐、基于位置的服务（location based service）、无线医疗和移动应用服务，艾媒咨询集团的统计数据显示，2010 年各种服务市场收入所占的比例如图 6-12 所示。

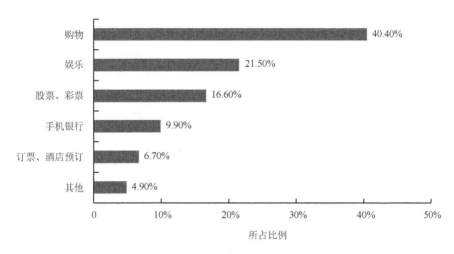

图 6-12　2010 年中国移动电子商务各项服务市场收入所占比例

（1）移动银行：移动银行服务是无线通信技术与银行业务结合的产物，它将无线通信技术的 3A（任何时间、任何地点、任何方式）优势应用到金融业务中，为客户提供在线的、实时的服务。目前国内移动银行的主要形式还是手机银行业务，手机银行是将银行业务中有关客户端使用平台的某些业务移到了手机上，手机银行是货币电子化与移动通信业务相结合的产物。手机银行丰富了银行服务内涵，使人们不仅可以在固定场所享受银行服务，还可以在旅游、出差中高效便利地处理各种金融理财业务。

（2）移动支付：移动支付是指交易双方为了某种货物或者业务，通过移动设备进行商业交易。移动支付所使用的移动终端可以是手机、PDA、移动 PC 等。移动支付可以分为两大类：①微支付，根据移动支付论坛的定义，微支付是指交易额少于 10 美元的支付行为，通常是指购买移动内容业务，如游戏、视频下载等；

②宏支付，是指交易金额较大的支付行为，如在线购物。

（3）移动办公：指利用手机、PDA、笔记本电脑等移动终端设备通过短信、WAP、GPRS 等多种方式与企业的 OA 办公系统进行连接，从而将公司内部局域网扩大成为一个安全的广域网。

（4）移动股市：移动股市服务通过手机服务使用户可以随时随地通过手机查询价格和股市行情，还可以进行股票交易。

（5）无线 CRM（wireless-client relation management，W-CRM）：是指通过电子移动装置及无线设备创造和交付高度个性化并具有成本效益的销售、营销、服务产品。

### 2. 移动电子商务面临的威胁

1）移动通信系统本身的威胁

（1）无线链路威胁。由于移动电子商务的特点，同时移动通信的短消息数据大都采用明文传输，使得通过无线设备进行信息窃听变得简单和容易。在移动电子商务通信过程中使用无线信道来传输通话内容、用户身份、用户通信位置、数据信息等，而其他人可以通过适当的无线终端设备来窃听在无线信道上传输的上述信息，并且这种方式很难被发现。

（2）交易抵赖。在电子商务交易过程中双方都参与了相应的交易过程，但很可能会出现一方否认参与交易，这其中同时可能存在两种抵赖情形：一种情形是当客户在收到商品之后抵赖，不承认收到商品而拒绝支付货款；另一种情形是商家收到货款后进行抵赖，否认已收到货款并且拒绝交付商品。

（3）假冒攻击。由于无线网络信号的漫游性，攻击者可以利用无线接收设备对无线网络中传送的信息进行截取和窃听，而后通过分析截取到的这些信息来得到用户的合法信息，攻击者就可以利用这个合法信息来进行攻击和欺骗。

（4）拒绝服务。拒绝服务攻击是指攻击者通过对服务主机或者是通信网络进行干扰，使用户数据没有办法及时传递。此外，攻击者还可以通过大量重复发送假冒网络信息单元，阻塞合法用户的业务数据、信令信息或控制数据等，从而使其他用户无法接受正常的网络服务。

（5）非授权访问。攻击者违反安全策略，利用安全系统的缺陷非法占有系统资源或访问本应受保护的信息，所以必须对网络中的通信单元增加认证机制，以防止非法用户使用网络资源。有中心无线网络（infrastructure wireless network）由于具有核心节点（如移动 IP 中的基站），实现认证功能相对容易；而无中心网络没有固定基站，节点的移动不确定，加之其特有的多跳（multi-hop）特点，认证机制比较复杂。

2）不完善的管理及法律机制造成的安全威胁

（1）移动终端的安全管理问题。移动终端体积小、重量轻，便于随身携带和使用，也使其容易丢失或被盗。除此之外，用户缺少安全使用方法和防范意识，在上网交易过程中操作不规范，事后又没有及时对商务数据备份、恢复以及对非法入侵者追踪。因此，移动终端的安全面临着严峻的威胁，主要表现在移动终端的物理安全、移动终端被攻击和数据被破坏、SIM 卡被复制、RFID 被解密等方面。

（2）移动商务平台运营管理漏洞。为适应 3G 业务的开展，不同功能组别的移动商务平台林立，如移动支付系统、商品配送系统。但是，对于移动商务平台如何完善服务功能、如何监督管理操作以及如何确保安全运营，平台开发者与使用者之间还普遍缺少经验和交流，需在技术安全控制、运营管理中进行整体思考和设计安全措施，并在运营实践中不断地修正和完善，以形成整合的、增值的移动商务安全运营平台和防御战略，确保使用者免受安全威胁。

（3）网络交易信用缺失造成的安全问题。当前，国内市场机制还不规范，移动商务的商业运作环境还不完善，缺乏必要的信用保障体系，需制定和完善相关政策来约束商家和用户的诚信方面的问题，同时有必要对用户和商家进行身份认证。

（4）基于位置的服务造成的安全问题。移动定位技术是基于目前较为普及的 GSM/GPRS 无线网络覆盖对手机终端进行实时位置捕捉的新型技术，能为用户提供基于位置的服务（如 GPS 卫星定位服务），但是这种定位跟踪服务引发了新的私密性和保密性问题。

（5）服务提供商（SP）的安全管理问题。由于 SP 与移动运营商之间是合作关系，所以移动运营商很难充当监督管理的角色，部分不法 SP 以利益为重，利用手机的 GPRS 上网功能向用户发送虚假信息和广告，哄骗用户用手机登录该网站，实际上却自动订购了某种包月服务，网站以此骗取信息费。

（6）工作人员的安全管理问题。人员管理常常是移动互联网安全管理中比较薄弱的环节。我国很多企业对职工安全教育做得不够，又缺乏有效的管理和监督机制，有些企业买通对手的管理人员，窃取对手的商业机密，甚至破坏对方的系统，这给企业带来了极大的安全隐患。

3. 移动电子商务威胁的防护措施

1）移动商务安全技术防护措施

（1）完整性保护：是用于提供消息认证的安全机制。典型的完整性保护技术是消息认证码，就是利用一个带密钥的杂凑函数对消息进行计算，产生消息认证码，并将它附着在消息之后一起传递给接收方，接收方在收到消息后可以重新计算消息认证码，并将其与接收到的消息认证码进行比较：如果它们相等，接收方就认为消息没有被篡改；如果它们不相等，接收方就知道消息在传输过程中被篡改了。

（2）真实性保护：用来确认某一实体所声称的身份，以对抗假冒攻击。在电子商务中，交易信息通过网络转发，可能在传输过程有一定的延迟，需要通过数据源鉴别来确认交易信息的真正来源。最简单的方法是：声称者与验证者共享一个对称密钥，声称者使用该密钥加密某一消息（通常包括一个非重复值，如序列号、时间戳或随机数等，以对抗重放攻击）；如果验证者能成功地解密消息，验证者就相信消息来自声称者。

（3）机密性保护：是为了防止敏感数据泄露给那些未经授权的实体，通常最简单的方案是收发双方共享一个对称密钥，发送方用密钥加密明文消息；接收方使用密钥解密接收到的密文消息。

（4）抗抵赖技术。目前常见的抗抵赖技术有以下几种。

① ISO 抗抵赖技术。ISO 将一个典型的抗抵赖框架（图 6-13）定义为以下四个阶段：证据生成；证据传送、存储和检索；证据验证；纠纷解决。

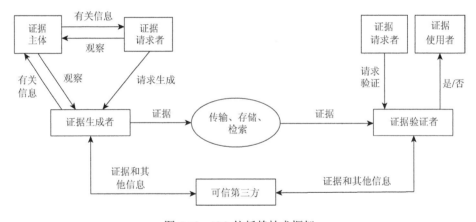

图 6-13　ISO 抗抵赖技术框架

② 基于可信第三方的抗抵赖机制。假定在发送方 $A$ 发送消息 $m$ 给接收方 $B$ 的过程中，需要产生一个可以证明 $A$ 发送行为的证据。本机制中，抗抵赖证据由一个安全信封构成，用只有 TTP 才知道的密钥进行封装。在证据请求者的要求下，TTP 生成安全信封；随后，TTP 可以为证据使用者或仲裁者进行验证。抗抵赖机制具体如下（其中，$H(m)$ 表示消息 $m$ 的 Hash 值，PON 用于标识抗抵赖证据是否合法），如图 6-14 所示。

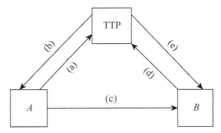

图 6-14　使用 TTP 安全信封的抗抵赖机制

图 6-14 中，（a）～（e）分别如下。

（a）$A \to \text{TTP}:\text{SENV}_{A-\text{TTP}}(A \| B \| \text{TTP} \| H(m))$

（b）$\text{TTP} \to A:\text{SENV}_{A-\text{TTP}}(\text{SENV}_{\text{TTP}}(A \| B \| \text{TTP} \| H(m)))$

（c）$A \to B:m \| \text{SENV}_{\text{TTP}}(A \| B \| \text{TTP} \| H(m))$

（d）$B \to \text{TTP}:\text{SENV}_{B-\text{TTP}}(\text{SENV}_{\text{TTP}}(A \| B \| \text{TTP} \| H(m)))$

（e）$\text{TTP} \to B:\text{SENV}_{B-\text{TTP}}(\text{PON} \| \text{SENV}_{\text{TTP}}(A \| B \| \text{TTP} \| H(m)))$

在上述每个步骤中，当接收者收到一个声称来自某发送者的用安全信封封装的消息时，必须首先验证安全信封确实来自该发送者，否则终止协议。

③基于数字签名的抗抵赖技术。数字签名是利用非对称技术来实现的，由消息附上相应的带附录的数字签名构成。实体 X 使用其私有密钥对消息 m 进行签名记为 $\text{Sig}_X(m) = m \| S_X(m)$（其中，$S_X(m)$ 表示带附录的数字签名），该签名可由实体 X 的公开密钥进行验证。

（5）隐私保护技术。

①盲签名技术。盲签名的概念最早是由 Chaum 在 1982 年提出的。除了满足常规数字签名的要求外，盲签名必须满足两个特性：盲性（blindness），要求签名者不能知道所签消息的具体内容；无关联性（unlinkability），当消息及相应签名日后被公布时，要求签名者无法追踪到这个签名是何时为谁所产生的。盲签名的基本模型如图 6-15 所示。

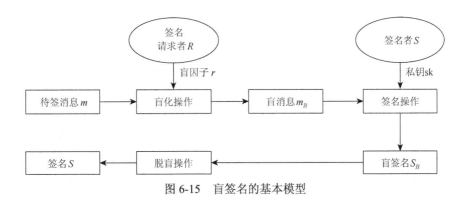

图 6-15　盲签名的基本模型

签名者 $S$ 应签名请求者 $R$ 的要求，对消息 $m$ 进行盲签名的流程如下。

（a）$R$ 随机选择盲因子 $r \in R$，对消息进行盲化 $m_B = B_{\mathrm{pk},r}(m)$，将 $m_B$ 发送给 $S$。

（b）$S$ 对盲化后的消息进行签名 $s_B = \mathrm{Sign}_{\mathrm{sk}}(m_b)$，将 $s_B$ 发送给 $R$。

（c）$R$ 对盲签名 $s_B$ 进行脱盲操作 $s = u_r(s_B)$。

（d）$R$ 对签名 $\mathrm{Sign}_{\mathrm{sk}}(m)$ 进行验证，有 $\mathrm{Verify}_{\mathrm{pk}}(m,s) = \mathrm{true}$ 成立。

② 不经意传输协议。不经意传输（oblivious transfer）的基本思想首先是由 Rabin 于 1981 年提出的。在 Rabin 的方案中，发送者发送一个秘密消息给接收者，接收者只有 50%的概率可以得到该消息，而同时发送者无法确定接收者是否获得了消息。Rabin 方案之后，许多学者又陆续提出了多种形式的不经意传输方案。

（6）无线虚拟专用网（WVPN）的应用。IPSec VPN 或 SSL VPN 最早都是针对固定网络的安全问题提出的。WVPN 提供鉴权、保密性、完整性等方面的服务，提供了端到端的最好安全性的连接，数据在 WVPN 的客户端进行加密，在企业的服务器端进行解密，数据传输的整个连接过程中都进行了加密处理，鉴权也在用户的控制之中。

（7）无线公开密钥体系（WPKI）的应用。通过 WPKI 技术的应用，实现数据传输路径真正的端到端安全性、用户鉴权安全及可信交易。WPKI 使用公共密钥加密及开放标准技术来构建安全性架构，该架构可促使公共无线网络上的交易和安全通信鉴权。可信的 PKI 不仅能够安全地鉴权用户、保护数据在传输过程中的完整性和保密性，而且能够帮助企业实施非复制功能，使得交易参与各方无法抵赖。

2）移动商务安全管理防范措施

要实现安全的移动电子商务，单靠纯粹的技术防范是单薄无力的，安全管理策略的有效实施将使整个安全体系达到事半功倍的效果。

（1）提高用户安全使用意识和安全交易意识。首先，用户在交易前需核实对方的合法身份，避免上当受骗。其次，移动用户使用移动终端进行交易支付时，要严格按照规定操作，并注意妥善保管电子支付交易存取工具（如 SIM 卡、密码、密钥、电子签名制作数据等）的警示性信息。

（2）加快安全管理标准化进程。要尽快制定符合我国国情的安全标准，为移动电子商务的安全管理提供依据，移动电子商务安全主管部门要以安全标准化应用为主，加强对移动电子商务安全的组织领导，加大无线网络及信息安全标准的宣传贯彻实施力度，切实做好安全标准的推广应用和监督检查工作。同时，由于信息安全的特殊性，国家必须强化信息安全标准的实施，保证我国信息安全标准的全面和有效落实。

（3）完善相关法律制度，优化安全交易环境。有了法律的保障才能使交易双方具有安全感，才能逐步转变用户固有的不良交易习惯，参与到方便、快捷、安全的移动电子商务模式中。目前已实施的《电子签名法》和《电子支付指引（征求意见稿）》为电子商务的发展奠定了法律基础，但是具体细节没有解释清楚，缺少可操作性。为此，应加快法制建设，进一步规范移动通信市场机制和完善安全管理体制，为移动通信行业的健康持续发展创造良好的政策环境和公平、公正的市场环境。

### 6.3.3　移动游戏类应用的安全

#### 1. 移动游戏的分类及特点

移动游戏的发展离不开移动终端的普及和数据服务的推广，近几年来，随着移动游戏自身技术的日益成熟，移动游戏的巨大商机开始展现在人们面前。现在传统游戏产业的商家已经开始从家用机游戏、PC 游戏等传统的游戏逐渐向移动游戏领域扩张，并尝试与移动游戏开发商以及服务提供商进行更加紧密的合作。基于移动终端的便携性和不受时空限制的优势，移动游戏已经成为移动用户热衷的日常行为，成为时尚新潮的代名词，并成为移动多媒体服务中增长最迅猛的商务活动。移动游戏各领风骚，从随机安装的俄罗斯方块、贪食蛇，到按个人喜好下载的愤怒的小鸟、百战天虫、美国赛车、世界杯等各具特色。

1）移动游戏的分类

不同的 SP、CP 按照自己的理解和对用户的号召，将移动游戏分为角色扮演（RPG）、策略与战旗（SLG）、即时战略（RTS）、冒险（AVG）、模拟经营（SIM）、格斗（FTG）、主视角射击（STG）、桌面棋牌（TAB）、养成（EDU）、智力（PUZ）、赛车（RAC）、飞行模拟（FLY）、运动竞速（SPT）等。各类游戏有不同的技术基础和技术难点，本节更倾向于从软硬件支持和通信方式角度对移动游戏进行分类。

从软硬件支持方式和通信方式角度考虑，把移动游戏分成离线游戏和在线游戏两大类，在线游戏的通信方式如图 6-16 所示。

在线游戏又可以进一步分为人机交互（人和服务器交互）游戏和用户交互游戏（服务器支持人与人交互），从而综合分为三类：离线游戏、在线人机交互游戏和在线用户交互游戏，如图 6-17 所示。

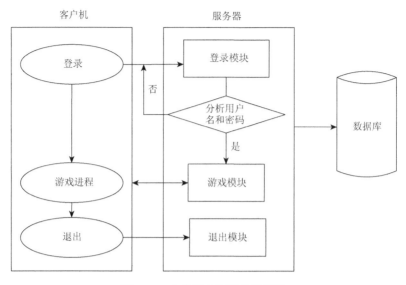

图 6-16　在线游戏的通信模型图

(a) 离线游戏　　　　　　(b) 在线人机交互游戏　　　　　(c) 在线用户交互游戏

图 6-17　几种常见的移动终端游戏

2）移动游戏的特点

移动游戏的共性特点源于其性能，包括计算能力、屏幕、键盘等。受制于移动终端的物理性能，使得移动游戏画面不够精彩、流畅，音效及操作不够理想，成为移动终端游戏较之 PC 网络游戏的最大劣势。移动游戏的共同难点还在于对不同品牌、款式手机物理环境的适应性，在某些高档手机上可以获得很好的效果，但对于某些低档手机则效果欠佳。不过可以乐观地估计，由于电子器件的性能和产量的提升、3G 的开通，更多高性能的手机将大量投放市场并向下挤压中档手机的价格。手机物理性能的提高是相对的，而人们对试听感官的追求是永无止境的。下面分别讨论三类游戏的个性特点。

（1）离线游戏：其特点是将游戏程序下载到移动终端后，在运行程序时不需要服务器和移动网络的支持，但这类游戏的生命周期一般较短，用户在玩了一段时间后就可能失去兴趣。游戏的创意和设计是吸引用户的重要原因，离线游戏长期吸引用户的要点在于不断创新，不断推出新的界面和新的功能。

（2）在线人机交互游戏：这类游戏也需要下载移动终端游戏程序到手机上，在玩游戏和操作时需要服务器的在线支持，但与服务器的数据交互量一般较小，而且可以适当缓存，适时交换，所以并不成为技术难点。这类游戏的用户可以提升在服务器上的积分或在电子竞技中获得的奖励。其吸引用户的地方不仅在于创意和设计，更侧重于能否获得竞争取胜的成就感以及是否有相应的奖励政策和可靠的服务。不难认同，一个用户在某在线游戏上投入了大量时间、精力和资金，得到了较高的级别或积分，如果这时有另外一款类似的游戏，尽管界面可能要好一些、功能要多一些，但用户需要重新开始，慢慢提高级别，增加积分，这时用户一般就舍不得转移。

（3）在线用户交互游戏：这类游戏也需要下载移动终端游戏程序，但在设计时已注入用户交互功能，故通过网络和服务器可以同时和其他人玩游戏，如二人猜拳、三人扑克、四人打麻将乃至电子竞技游戏等。显然，玩这类游戏会带来更大的乐趣，在这类游戏中可以引入如下措施来减少网络通信量：①合理分解服务器端和（手机）客户端的功能；②适当牺牲实时性，将上传数据汇集到一定数量后上传到服务器；③自服务器下载的数据（如场景切换）适当缓存，适时运用。

### 2. 移动游戏面临的安全问题

中国互联网络信息中心（CNNIC）的统计数据显示：截至 2011 年 6 月底，中国网络游戏用户规模为 3.11 亿人，较 2010 年年底增长了 727 万人，增长率为 2.4%，伴随着国内网游产业的逐步成熟，网游安全形势也趋于缓解。360 安全中心最新调查数据显示，2011 上半年新增网游盗号木马数量约 7900 万个，比 2010 年同期下降了 19.8%。针对游戏玩家的钓鱼欺诈网站数量也在 2011 年明显增多，2011 上半年游戏安全主要存在三大威胁：盗号木马、钓鱼欺诈网站以及其他针对性欺骗活动，如图 6-18 所示。

1）移动游戏中的盗号威胁

根据目前网络游戏的体系结构特点进行分析，其中数据交互及安全威胁如图 6-19 所示，该图仅显示了客户端信息通过验证的情形。

针对密码的木马、攻击程序是不法分子常用的手段之一，以下介绍几种盗号工具。

（1）键盘记录器：这类木马主要是对整个系统或指定的应用程序的键盘操作进行勾挂，并自动记录用户所操作的按键，将最终得到的密码数据信息发送到木马当前受控人的邮箱里。

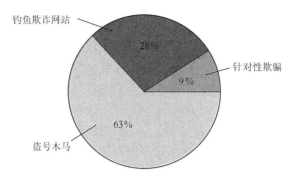

图 6-18　2011 年上半年移动游戏三大主要威胁

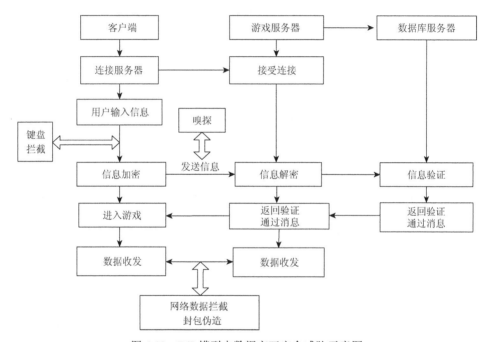

图 6-19　B/S 模型中数据交互安全威胁示意图

（2）内存扫描器：直接从内存中提取所需要的密码，这种方式的木马编程难度适应性会差很多，不如键盘记录器流行。

（3）网络数据监听器：由于网络游戏的最终输入必然要发送到服务器端，网络数据监听器的好处在于，在局域网内无须在被监控的机器上安放木马便可监视到其他人登录服务器的密码。

（4）社交工程（social engineering）：这是一个新名词，其内涵却是一种早已存在于人类社会中不断发生的人际互动关系，就是众所周知的骗术。网络钓鱼（phishing）正是目前最常见的一种社交工程犯罪技术，该技术利用伪冒真网站的假冒网页，使被害人信以为真，骗取被害人的个人资料、账号、密码。网络钓鱼技术原本常见于金融诈骗及商业诈骗，现已见于网络游戏诈骗，用于骗取游戏序号；另一种常见的社交工程攻击手法是由网络聊天室与被害人建立关系后，分析被害者心理弱点，利用其弱点攻陷其心理防线，取得其信任，骗取被害人个人资料，在间接获得被害人网络游戏账号密码后，窃取虚拟宝物。社交工程之诈骗手法花样百出，无固定模式，其类似心理战之技巧，往往令人更加疏于防范，从而导致重大损失。

2）移动游戏中的作弊威胁

游戏作弊是指玩家用来得到不合理的好处的任一行为。作弊一般被认为修改游戏经验值，在某个方面超越其他玩家。虽然几乎所有游戏目前都允许一定程度的修改，但超出一定程度的修改即构成作弊。

游戏作弊一般通过作弊程序实施，目前，常用的作弊程序包括以下几种。

（1）自动机器人程序（auto-robot）：这种作弊手段代表玩家操作他们的游戏角色，如杀害虚拟妖怪、对手等。自动机器人程序又称为自动练功程序，顾名思义，玩家无须在计算机前操作游戏角色，自动练功程序即可帮助玩家操作并进行游戏，除了长时间打怪物赚取经验值之外，还可自动拾取怪物所掉落的贵重宝物，该程序的运用普及度相当高，且游戏公司也会聘请许多游戏管理者（game manager）加以取缔，只是效果相当有限，而使用该程序也会造成对合法玩家的不公平性。

（2）辅助程序：协助玩家操作他们的网络游戏的角色，使游戏容易进行或操作。例如，增加控制的能力，包括类比键盘或滑鼠的回应，自动登录程序，辅助显示角色或环境状态等。辅助程序在网络游戏的运用上相当普遍，而且取得容易又不需要支付任何费用，只需在网站搜寻中输入游戏作弊程序或相关的关键字，就会有相当多的搜寻结果，或是在某些电玩论坛与各类 BBS 的讨论板上即可求得该程序，泛滥的程度已经严重影响了游戏的公平性。

（3）特洛伊木马病毒：潜入计算机程序内的病毒，为了得到其他网络游戏玩家的账号和密码，或相关的私有资料而被使用。

（4）恶意程序：作弊或迫使玩家进行交易或是被杀害，还有包含加速虚拟人物运动、贸易欺骗等。此外，一些恶意程序与病毒或蠕虫相结合，形成相关的犯罪作弊行为。

**3. 移动游戏安全防护方案**

1）移动游戏中的账号防盗技术

（1）用户资料保护。目前有些游戏软件（如聊天软件）采用了 nProtect 键盘加密保护技术，其主要原理是通过 HOOK 键盘中断来进行自己的处理，然后在

HOOK 时期用虚拟键盘来代替真实键盘输入的方法来保护口令安全。在这一过程中即使可以在 8042 键盘接口和 kbclass 处保证按键信息的安全，但在操作系统的 ring0 和 ring3 层接口位置出现的是标准数据，黑客还是可以截取按键信息。

　　可以采用 USB 安全钥的技术来保护用户资料。USB 安全钥是将 USB 技术、加/解密技术和密钥存储技术融合在一起，用集成技术为安全用户提供一个使用方便、可像钥匙一样随身携带的高速、高安全性的产品。在利用 USB 安全钥硬件设备作为玩家密钥载体时，通过非对称加密结合动态口令认证的模式对传输数据进行保护。动态口令一般采用时间作为口令的生成依据，具体生成过程在此不作讨论。玩家资料注册流程如图 6-20 所示。

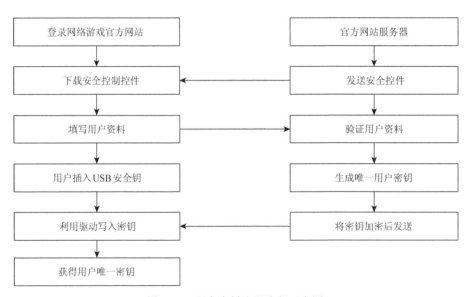

图 6-20　玩家资料注册流程示意图

　　另外，作为玩家密钥的 USB 安全钥具有读写安全性，它需要使用特定的驱动程序读写，并由用户提供读写密钥的读写权限。如果用户不慎将该硬件丢失，可以到网络游戏官网锁定游戏账号，同时根据用户的注册资料（如用户身份证号码和安全码信息）重新申请一个密钥。

　　（2）用户登录保护。在玩家拥有一个 USB 安全钥之后，其登录流程如图 6-21 所示。

　　（3）数据交互保护。网络游戏中用户登录后游戏数据的交互过程很不安全，可能遭受的攻击方式有重放攻击、伪造攻击、身份欺骗攻击等。如图 6-22 所示，据此设计数据安全交互模型的步骤如下。

　　① 客户端和服务器拥有本次会话密钥 Dk，两者会话密钥由客户端登录时协商。

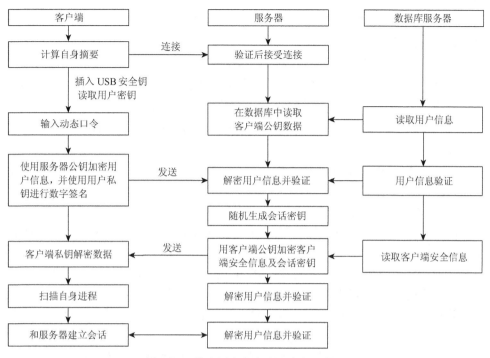

图 6-21　游戏用户安全登录流程示意图

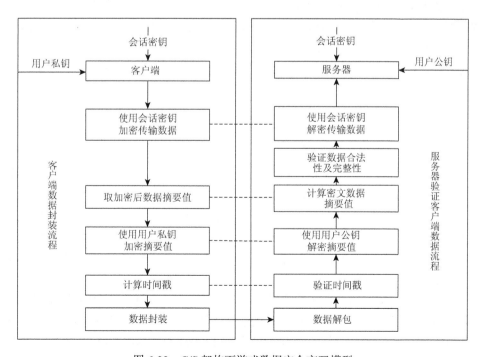

图 6-22　C/S 架构下游戏数据安全交互模型

②客户端使用对称加密算法加密需要传输的数据，得到密文 C，并对加密后的数据取 Hash 值 Hc。

③使用用户私钥加密 Hash 值和时间戳，生成签名数据。

④客户端将密文和签名数据封装，发送到服务器。

⑤服务器解包接收的封装数据，使用用户公钥解密数据包 Hash 值 Hc 和时间戳，同时计算密文 Hash 值 Hc′，验证 Hc=Hc′是否成立，对数据合法性和完整性进行验证。

⑥服务器使用约定会话密钥解密数据 C，服务器获取从客户端传来的完整的合法数据。

2）移动游戏中的防欺骗技术

欺骗检测之所以可行是因为欺骗通常会表现为不正常的行为模式。相对于在游戏代码中实现防欺骗的复杂性，和可能导致资源的高消耗或者是形成不受欢迎的游戏策略，欺骗检测则要简单得多。虽然游戏中有数量巨大的对象层次和游戏外事件，游戏规则的实现也很复杂，但是欺骗检测只需验证某一特定规则是否正确执行，或者是否符合某一特定标准即可。下面介绍几种现有的欺骗检测算法。

（1）基于预定义游戏参数阈值的欺骗检测：一种简单有效的欺骗检测方法是检测相关游戏参数（玩家游戏能力）是否超过预定义阈值。因为获取有利条件是欺骗的一个主要目标，很多欺骗的效果反映为玩家状态的改变，例如，玩家能力的迅速增长。所以监视一定时间间隔内玩家某种能力增长速率，其中速率定义为该时间间隔的开始和结束游戏能力的变化；根据监视结果可以计算出每个玩家游戏能力变化的最大速率，如果超出阀值则发出警报。

（2）利用事物原子性进行的欺骗检测：这种欺骗检测的主要检测目标是利用游戏实现时的漏洞进行的欺骗。事务通常由玩家之间的交互组成。由于在分布式网络游戏中通常都保持不了事务的原子性，所以这种利用原子性的缺失进行的欺骗很常见。利用事物原子性的欺骗检测通过检测是否能保证事务的原子性实现。一旦事务双方都同意提交，除非客户端失败，否则立即在短时间内开始提交，然后系统开始监视事务的提交。这种策略关于事物原子性的定义非常严格，即使有一方进行提交而另一方在一定时间间隔内没有进行提交也将其称为非原子性事务。其中时间间隔可以设为游戏系统将状态写入稳定存储器的时间。

（3）基于玩家行为概率的欺骗检测：这种方法通过在服务器上运行检测程序计算玩家各种可能的行为概率来判断玩家是否诚实。玩家行为概率的计算原型基于贝叶斯网络，检测只依赖游戏状态，并且只在游戏服务器上运行。在 FPS 游戏中很多游戏状态信息都会直接影响玩家射击的准确性，玩家射击准确率的分布取决于一系列独立的随机变量。因为瞄准是一个微调过程，也就是说准确概率在某一时间片 $n$ 内取决于玩家在前一时间片 $n-1$ 内的准确性。射击问题的这种依赖关系可用于检测欺骗玩家在某一时间片内使用 aimbot，而在另一时间片内不使用的情况。

## 6.3.4　移动互联网下云服务的安全

### 1. 云计算的特点及提供的服务

云计算是一种发展的分布式计算技术，它利用 Internet 上的资源，将其整合成"云"，成为一种超级计算模式。"云"通常由一些大型服务器集群组成，包括计算服务器、存储服务器、宽带资源等。云计算将所有的计算资源集中起来，由相关软件进行管理。对用户而言，不必为底层具体的细节烦恼，能够更加专注于自己的业务，有利于降低成本。

1）现有云计算的特点

（1）大规模基础设施。云计算平台的底层基础硬件拥有相当大的规模，Google 的云计算平台拥有超过 100 万台的服务器，IBM、Amazon、微软等云服务平台也拥有几十万台服务器。私有云一般拥有成百上千台服务器。

（2）基于虚拟化技术。云计算为用户提供的资源都是虚拟化的资源，用户可以在任何位置使用终端获取所需的服务，用户获得的资源来源于"云"，而不是固定的有形实体。

（3）高可靠性。数据的多副本容错，计算节点同构互换等策略的使用，使得云计算比本地计算具有更高的可靠性。

（4）普适性。云计算所提供的服务并不针对某一具体的应用，在云计算的平台中，用户可以根据自己的需要构造出不同的应用，同一个云平台可以运行不同用户的不同应用。

（5）易扩展性。"云"的规模可以根据需要进行动态扩展，以满足云计算应用和用户数量的动态变化。

（6）按需索取的服务形式。"云"中的计算资源作为一种商品，可以像传统的水电煤气那样按需购买，由云计算服务提供商根据用户对服务的使用量进行计费。

（7）低成本。容错技术的使用使得云计算的硬件基础设施可以建立在大规模廉价的服务器集群上。

2）云计算提供的服务层次

根据所提供服务的类型，云计算可以划分成四个不同层次的服务集合：应用层、平台层、基础设施层、虚拟化层。它们对应的服务分别是软件即服务（software as a service，SaaS）、平台即服务（platform as a service，PaaS）、基础设施即服务（infrastructure as a service，IaaS）以及硬件即服务（hardware as a service，HaaS）。图 6-23 是云计算的服务层次及相应的服务。

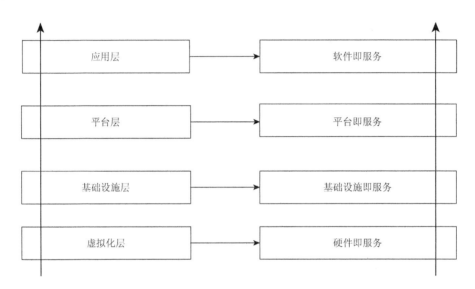

图 6-23　云计算的服务层次及相应的服务示意图

软件即服务层提供了各种应用程序，是最接近用户的服务，为终端用户提供了统一规范的接口。

平台即服务层给用户提供了更高效的基础硬件和软件服务，在平台服务层中提供了很多模块（如远程调用模块、收费模块、用户登录注册模块、在线付费模块等）。

基础设施即服务层将基础设施（计算资源、存储资源）出租，这归功于虚拟计算机的快速计算能力和稳定的存储能力。

硬件即服务层是将硬件资源作为服务提供给用户的一种商业模式，它的出现加速了云计算客户端向"瘦客户端"的发展过程。

## 2. 云服务面临的安全威胁

移动互联网与云计算结合，在极大地增强移动互联网业务功能、改善移动互联网业务体验、促进移动互联网蓬勃发展的同时，也暴露出一些急需关注的安全问题。一方面，云计算技术还不成熟，其自身的安全问题会引入移动互联网，如云计算虚拟化、多租户、动态调度环境下的技术和管理安全问题，云计算服务模式导致用户失去对物理资源的直接控制，云计算数据安全、隐私保护以及对云服务商的信任问题等。另一方面，移动互联网的具体技术和应用与云计算结合后，还暴露出一些新的安全隐患。

总体来说，云计算技术主要面临如下安全问题。

1）虚拟化安全问题

利用虚拟化带来的经济上的可扩展性，有利于加强在基础设施、平台、软件层面提供多租户云服务的能力，然而虚拟化技术也会带来如下安全问题。

（1）如果主机受到破坏，那么主要的主机所管理的客户端服务器就可能被攻克。

（2）如果虚拟网络受到破坏，那么客户端也会受到损害。

（3）需要保障客户端共享和主机共享的安全，因为这些共享有可能被不法之徒利用其漏洞加以攻击。

（4）如果主机有问题，那么所有的虚拟机都会产生问题。

2）数据集中后的安全问题

用户的数据存储、处理、网络传输等都与云计算系统有关。如果发生关键或隐私的信息丢失和窃取，对用户来说无疑是致命的。如何保证云服务提供商内部的安全管理和访问控制机制符合客户的安全需求；如何实施有效的安全审计，对数据操作进行安全监控；如何避免云计算环境中多用户共存带来的潜在风险等都已成为云计算环境下所面临的安全挑战。

3）云平台可用性问题

用户的数据和业务应用处于云计算系统中，其业务流程将依赖于云计算服务提供商所提供的服务，这对服务商的云平台服务连续性、服务等级协议（SLA）流程、安全策略、事件处理和分析等提出了挑战。另外当发生系统故障时，如何保证用户数据的快速恢复也成为一个重要问题。

4）云平台遭受攻击的问题

云平台由于其用户、信息资源的高度集中，容易成为黑客攻击的目标，拒绝服务攻击造成的后果和破坏性将会明显超过对传统的企业网应用环境的影响。

**3. 云服务安全威胁的应对措施**

云计算的引入为移动互联网带来的新的安全风险主要体现在云服务端，因此移动互联网环境下云端的安全机制要从数据保护、用户隐私、内容安全、运行环境安全、风险评估和安全监管等核心安全问题入手，构建移动互联网应用架构下的云计算安全技术体系框架如图 6-24 所示。

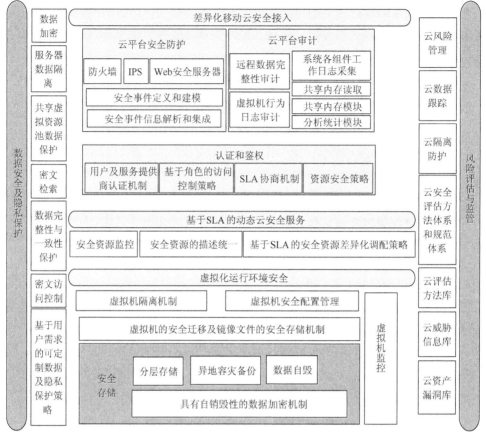

图 6-24　移动互联网下云计算安全技术架构示意图

1）数据安全和隐私保护技术

可通过 3 个相互关联的部分实现数据机密性与完整性：①待保护的云计算/云存储系统，其中存储的是经过加密等技术手段处理的数据，该数据的非授权传播并不会直接导致数据内容泄露；②安全云客户端，负责在本地保存云用户的密钥并进行数据加/解密处理，避免密钥外泄导致的数据安全风险；③云数据存储安全支撑平台，负责生成、存储、管理与维护云计算/云存储系统中数据的属性及其他元信息，确保在密文状态下为云用户提供密文检索、完整性验证等多项安全数据服务。

2）虚拟化运行安全保护技术

由于多个虚拟资源可能会被绑定到相同的物理资源上，如果虚拟化软件存在安全漏洞，那么用户的数据、应用就可能被其他用户访问；如果恶意用户借助共享缓存实施侧通道攻击，则虚拟机将面临更严重的挑战。针对这些问题，需要实现云计算应用模式下虚拟机隔离、监控、安全迁移及镜像文件的安全存储，以确保文件存储、块存储、对象存储等云计算存储服务的安全。另外，针对虚拟机安全问题，在虚拟机操作系统、虚拟机应用软件和虚拟机 Web 应用等环节，应采用虚拟机的漏洞扫描和安全检测等技术。

3）云计算服务的性能保持技术

面对云模式下移动互联网应用的高并发和复杂的用户访问请求，云计算的性能保持方法是可信云计算系统构建的基础技术和关键问题。采用云计算系统的动态检测技术对其运行状态进行实时检测，在分析软件实体间关联关系的基础上，采用基于缺陷容忍和局部软件实体再生的云计算系统性能保障机制，可以提升系统在高负载条件下的抗衰能力和运行稳定性。

4）移动云服务模式带来新的安全技术

云服务商在对外提供服务的同时，自身也需要购买其他云服务商所提供的服务，因而用户所享用的云服务间接涉及多个服务提供商。多层转包无疑极大地提升了问题的复杂性，进一步增加了安全风险。在提供云服务时要考虑到不同企业、不同应用差异化的安全需求，结合移动互联网应用架构，提供动态差异化的云安全服务，同时基于虚拟化技术使用户可以根据其安全需求的变化动态获得或释放应用于安全服务的资源。

因此，需要首先对移动云应用环境中安全服务及安全等级进行建模，建立统一的安全需求描述方法和异构云平台间的安全服务协商机制，实现用户安全服务在异构云平台间的迁移。同时，根据对客户端负载的实时监控结果动态分配或回收调配给安全服务的资源，实现差异化动态云安全服务的测量与计费策略。

5）移动云服务的风险评估、安全监管与审计技术

首先需要以标准形式明确指出监管信息搜集的程度、范围、手段等，防止影响其他用户的权益。另外，还需要实现对云计算安全攻击的快速识别、预警与防护，实现云计算内容的监控，识别并防止基于云计算的密码类犯罪活动等。

其次，采用灵活、复杂的云服务过程的安全评估技术。在云计算环境中，云服务提供商可能租用其他服务商提供的基础设施服务或购买多个服务商的软件服务，根据系统状况动态选用，因此，需要针对云计算的动态性与多方参与的特点，提供相应的云服务安全能力的计算和评估方法。

此外，移动云计算安全技术应规定云服务安全目标验证的方法和程序。由于用户自身缺乏举证能力，所以验证的核心是服务商提供正确执行的证据，如可信审计记录等。云审计标准明确定义了证据提取方法和证据交付方法。

## 6.4　本章小结

移动互联网应用是移动互联网与用户交互的最直接的表现方式，它将移动互

联网与人们的生活紧密结合。在给用户带来丰富多彩和便捷的生活服务的同时，移动互联网应用带来的安全问题也层出不穷。如今，应用中嵌套的用户信息泄露、隐藏在应用中的病毒攻击移动终端系统以及破坏终端设备等严峻的安全问题已经成为移动互联网安全领域的焦点之一。

# 参 考 文 献

Alsabhan W, Love S. 2011. Platforms and viability of mobile GIS in real-time hydrological models: A review and proposed model. Journal of Systems and Information Technology, 13(4): 425-444.

Cano M D, Domenech A G. 2011. A secure energy-efficient m-banking application for mobile devices. The Journal of Systems and Software, 84(11): 1899-1909.

Fong A C M, B Y Zhou, Hui S C, et al. 2011. Web content recommender system based on consumer behavior modeling. IEEE Transactions on Consumer Electronics, 57(2): 962-969.

Gao C, Liu J M. 2013. Modeling and restraining mobile virus propagation. IEEE Transactions on Mobile Computing, 12(3): 529-541.

Hung S H, Shin C S, Shieh J P, et al. 2012. Executing mobile applications on the cloud: Framework and issues. Computers Mathematics with Applications, 63(2): 573-587.

Li Q, Clark G. 2013. Mobile security: A look ahead. IEEE Security Privacy, 11(1): 78-81.

Nogueira C M, Antonio G, Filippo R, et al. 2011. Mobile applications and their delivery platforms. IT Professional, 13(5): 51-56.

Wang Q, Zeng W J, Lobzhanidze A G, et al. 2012. Mobile media in action: Remote target localization and tracking. IEEE Multimedia, 19(3): 74-80.

Wolfe H B. 2011. Are cell phones safe? Safety and Security Engineering IV: 59-69.

Yan D F, Wang J, Yang F C, et al. 2011. The research on security framework for mobile Internet services. 2011 4th IEEE International Conference on Broadband Network and Multimedia Technology: 75-79.

# 第7章　移动互联网安全案例分析

本章将进入案例实战阶段,通过真实的案例来研究移动互联网的安全。本章(面向移动通信终端的安全认证中间件研究)以国家重大专项"新一代宽带无线移动通信网移动互联网智能终端应用中间件开发"(2011ZX03002-004-02)及重庆教委科学计划项目"面向多终端异构系统的中间件平台体系结构研究"(KJ110529)为背景,主要对移动终端中间件和中间件系统中涉及的终端安全认证机制展开了深入的分析与研究。

## 7.1　移动终端安全认证中间件研究概况

移动互联网已经成为当今网络的一大热门词汇,其日趋火热也是网络发展的必然结果。作为互联网与移动通信技术的结合,移动互联网已经成为用户增长最快、潜力最大、前景最诱人的互联网网络,为人们提供了在任何时候任何地方都能够通过移动终端接入互联网的一种有效途径。中国互联网信息中心发布的第 29 次中国互联网网络发展状况统计报告表明,截至 2011 年 12 月底,中国网民规模已突破 5 亿人,手机网民规模增长至 3.56 亿人。另外,作为移动互联网的主要内容呈现设备,移动终端也朝着平台多样化、功能智能化、模块集成化等方向发展。2011 年以智能手机为代表的移动终端出货量远远超过 PC,已经达到 4.78 亿部,达到全球手机市场份额的 33% 左右。与此同时,快速普及的3G 技术为移动互联网提供了良好的网络和用户基础,而日益丰富的无线应用也为移动互联网发展提供了新的动力。以手机聊天、视频、音乐分享、新闻浏览、社交网站和购物等为代表的各种多媒体应用正在推动着移动互联网产业的快速发展,移动互联网时代已经到来。移动互联网的结构具有以下特点:①基于无线通信,无线通信相对于有线网不够稳定,移动用户通信期间移动增加了不稳定性;②移动终端一般属于小型终端,相对桌面个人计算机,数据输入/输出困难,处理能力较弱,通信应用容量受限(内存、电源供应等);③移动终端随身性,移动用户可随身携带移动终端。

从业务形态来分,移动互联网主要有两种模式:①终端以 WAP 或者 WiFi方式接入通信运营商及内容提供商的 WAP 网络,进而使用固定的网络服务;②用户采用以智能手机、PDA 为代表的终端,通过通信运营商的移动网络(如GPRS、3G 甚至 4G 网络)享受个性化的服务。移动互联网与传统互联网相比,最大的不同之处在于具有无以伦比的移动性、隐私性和兼容性等特征。利用移动网络提供无处不在的连接，用户可以随时享受移动互联网服务；而伴随着技术的进步，智能化终端的功能越来越强大，不但继承了传统的通信功能，更是朝着 PC 业务复制的方向发展；集成了电子商务、移动办公、定位搜索等大量个性化服务的终端，在为人们生活带来便捷的同时，也积累了大量的隐私信息，从某种程度上讲，终端可以看做个人的社会活动及个人特征的具体体现。

移动互联网产业发展概括起来主要表现为以下六大趋势：①不断变化的用户需求构成业务应用创新的新动力；②应用为主，程序商店落地生根；③业务朝着融合化、媒体化、娱乐化的方向发展；④移动互联网安全问题将长期存在；⑤终端性能与服务需求制约与促进；⑥传统运营商运营方式更加开放，主要表现为提供网络能力和用户信息 API。

随着 3G 时代的到来，制约着移动互联网发展的带宽问题得到了根本上的解决，新一代智能终端凭借良好的人机交互能力和功能强大的手机操作系统，颠覆了传统终端表现能力差、用户体验度低的缺陷，从很大程度上促进了移动互联网的发展。但是对于移动性和易携带性的要求，硬件体积上的限制制约了移动终端能力的发挥，使得移动终端的计算、存储能力严重受限，终端存在表现能力不足，人机接口单一，能耗大，电源续航能力严重不足等"天生"缺陷，这必将制约移动终端行业的进一步发展。同时，移动终端平台的多样性和复杂性，使得面向移动终端的软件开发过程中存在可重复利用性低、普适性较弱、软件移植成本高等弊端，中间件技术的出现可以看做一剂良药，然而作为移动互联网智能终端的核心软件，面向移动终端的中间件技术是整个移动互联网终端中设计复杂性高、难度大的一个环节，一直为国外厂商垄断，研究与实现开放、可靠、稳定、具有合理价格的移动互联网智能终端中间件平台将是我国移动互联网发展的关键环节。

另外，伴随着用户数的不断增加和移动互联网建设的加快，移动互联网的安全问题正逐步显现出来。手机木马、病毒、垃圾邮件相继增多，隐私信息盗窃，恶意扣费等现象层出不穷，甚至出现如僵尸病毒等攻击服务器和网络的现象。2011年上半年中国手机安全报告指出，上半年国内新增恶意软件和手机木马 2559 个，被感染的手机用户高达 1324 万。从保障移动互联网的安全角度而言，要保证终端方面的安全、网络方面的安全和业务方面的安全，目前移动互联网在终端安全和业务安全方面相对存在较大安全隐患。是否有完善的安全保障机制已经成为制约移动互联网进一步发展的瓶颈，作为安全保障机制的重要环节，对终端用户身份的认证方法成为研究的热点问题。

## 7.1.1　中间件研究现状

作为一种特殊的服务软件或系统程序，中间件具有举足轻重的地位，依靠这种软件，分布式应用软件在不同技术之间共享资源。中间件技术通过增加自身的复杂性来获得应用开发的简单化，但随着使用的增多，该技术集成功能越来越多，间接地增加了用户对中间件技术选择的复杂性。因此，现有中间件技术研究的重点在于使中间件技术能更加便捷地满足应用需要，即整合和调整中间件使之成为轻便型的中介技术。其主要表现为以下两个方面，一方面中间件需要针对不同的应用提供个性化的解决方案，从而形成应用完备的支撑环境；另一方面中间件各个体系需要整合甚至平台化，以便让应用开发者更加方便快捷地使用。学术界对于中间件的研究各有侧重点，国外更多地集中在让技术各异的中间件整合起来形成统一完整的基础平台；而将中间件以外的适应于特定行业应用的通用应用构件统一起来成为基础应用构件平台乃至不同应用的支撑平台，这是国内学者更多关注的地方。目前中间件发展呈三方面趋势：①更多地趋向于传统软件开发过程中的运行支撑层，即底层操作系统渗透；②中间件集成了越来越多的应用程序所需的支持机制，不再局限于多个行业的共同支持机制，那些在某个领域的通用机制也得了重视；③扩展了对上层设计和管理等流程的支持。

由于技术的发展，多种网络必将长期共存，异构网络的存在以及越来越多的安全问题，导致安全软件开发过程越来越复杂，由此安全中间件应运而生。它因提供完善的信息安全基础架构，实现了提供统一的安全接口、提取安全共性、屏蔽异构平台等目标正成为中间件领域的研究热点。目前安全中间件主要分为普适环境安全中间件、网络安全中间件和移动终端安全中间件三大类。概括了普适环境安全中间件研究现状，它通过一种有效的访问控制和认证方法或对网络间的共享资源的保护或者提供网络间的平滑通信方式来进行普适环境下的安全保护，然而该方法比较复杂，扩展性低。研究者提出了一种基于上下文感知的安全中间件，根据代理监测的环境变量变化设置不同的元数据，将服务独立在逻辑层上。有学者通过设计一种针对管理规则的新型安全策略说明语言，提供了一种普适环境下的安全管理中间件，对安全策略、被管理对象、状态以及上下文进行了管理。结合网络环境下存在多个域的特征，将实体分为外域和内域两部分，利用安全中间件集成的 PKI 和 GSI 技术，有效地解决了网络环境下的 SSO 认证、代理和基于用户信任等问题。

随着移动网络技术的成熟，越来越多的人开始关注移动终端安全中间件研究，目前主要集中在移动设备的资源发现、自愈能力、使用感知能力等方面。移动中间件技术的主要研究内容包括接入管理、同步/异步数据传递服务、认证服务、安全管理、多协议接入网关、内容服务管理、连接管理等。对移动中间件的研究表现在：①体系结构研究，随着中间件的需求不断变化，传统中间件技术灵活度不高，为此中间件正朝着整合性、统一化的平台方向发展；②终端应用开发模块化，越来越多的中间件产品正向开发平台转移，中间件平台应用模块化将是未来发展一个主流方向；③松散耦合化，作为与移动终端应用分离的实体将中间件平台接口独立出来将是中间件平台和移动终端间松散耦合的关键点，这使中间件平台服务实现能够在完全不影响移动终端用户的情况下进行修改。移动中间件按照其涉及的关键技术可以分为以 LIMC、TSpaces 系统为代表的基于元组和上下文的移动中间件、以 Mobiware 为代表的基于 QoS 的移动中间件、以 REDS 为代表的基于事件机制的移动中间件，以 RcMMoC、RUNES 为代表的基于反射机制的中间件以及基于移动代理的移动中间件。

## 7.1.2　安全认证技术研究现状

随着移动互联网建设的加快，基于移动终端的移动电子商务和电子政务业务迅速发展。拥有良好的安全运行环境成为其发展的关键因素，其中安全认证技术是重要的保障机制。认证是移动互联网业务开展的基础，用于确保业务中实体身份的有效性。移动互联网业务在制定和实现上必须根据应用需求，采用有效的认证策略和方式，甚至通过多次认证来保证业务的正常进行。围绕着构建新一代移动终端安全认证机制，各大学术机构及人员作了深入的研究，主要分为对认证协议、认证方式、认证器件的研究。

从 1978 年开始，研究人员就开始了对现代安全认证协议机制的研究，Needham 和 Schroeder 合作设计了一种 N/S 认证协议，它包括对称密码版本 NSSK（Needham-Schroeder symmetric key）和公钥版本 NSPK（Needham-Schroeder public key）。前者用于用户通信双方之间分配会话密钥，后者用于通信双方有效地交换两个互不相关的秘密，这两种认证协议构成了安全认证协议研究的基础。1984 年，Simmons 系统地阐述了认证的相关基础理论，同时构建了完备的认证码数据模型。针对不安全的网络环境下的认证问题，Dave 和 Rees 在 1987 年提出了 Otway-Rees 协议，用于包含三方的私钥认证。该协议采用少量的信息达到了较好的时效性，同时解决了参考 Denning 和 Sacco 指出的密钥存在被攻破的缺陷。针对会话密钥分配方案的缺陷，研究者提出一种 Yahalom-Paulson 协议以及大嘴青蛙协议，有效地解决了通信双方之间存在的会话密钥分配问题。最新的认证协议当属 Kerberos 认证协议，目前为第 5 版，它是麻省理工学院为 Athena 项目开发的一个认证服务系统，对于利用网络介质建立通话过程的实体之间可以相互核实对方身份，对于抵抗第三方和重放攻击等具有十分出色的保护效果，并且可以有效地控制通信信息的完整性和保密性，不过 Kerberos 协议对时钟同步的要求较高，难以防止猜测口令攻击，并且由于是基于对称密钥的设计，所以不能被大规模地应用。与 Kerberos 协议类似的还有 X.509 协议。X.509 协议根据认证强度的标准不同，包括单向、双向和三向认证模式，它采用的是非对称密码体制，依赖于可靠的第三方进行认证，对于扩展性强的网络环境中通信双方身份认证较为适合，因此得到了广泛应用。

　　针对认证方式的改进研究主要表现为从传统的密码认证机制转向依赖于个体的生物特性或者物理器件的辅助认证方式，其中以生物特性为基础的认证方式发展较快。19 世纪末，英国学者 Faulds 提出了基于指纹认证的 Henry 系统，证实了指纹具有特殊性和不变性等特征，并且得出两个来自不同手指的指纹相似的概率是 640 亿分之一的结论。之后在 20 世纪初，指纹作为身份识别方法被世界各国采用。随着技术的提高和科技的进步，基于计算机技术以及传感器技术的指纹采集装置得到了广泛应用，指纹认证系统的精确度得到了大幅度提高。指纹认证系统的成功研制，引起了许多国家研究机构和公司的注意，它们拓广了认证范围，诸如基于虹膜、基于掌纹以及基于人脸等特征的认证方式相继提出。其中著名的公司有法国的 Morph，美国的 IBM、Identification 公司，国内主要有北京大学、中国科学院自动化研究所、北京邮电大学等。与此同时，伴着移动互联网建设的加快，智能化的移动终端在提供人们方便的同时，也累积了大量敏感信息。结合此背景研究者提出了新的认证方式和基于位置的识别方法，该方法依照人类通常在一定范围内活动的规律，通过内置于智能终端的监控模块搜集个人的位置信息，建立个人的位置模型，从而进行认证。有学者提出了一种基于步态识别的方法，通过收集人们走路时各个关节的运动规律数据来进行身份认证，然而采用该方法错误率较高，并且收集的步态数据容易受到环境以及场地的影响。智能化的移动终端带来了移动的优势，最新的研究将这一因素考虑在内，形成了一种新的空间认证方式。另外随着技术的发展，认证器件也逐渐增多，基于多因子的认证方法也是一个新的研究方向。将硬件认证以及口令认证相结合，提出了一种双因子认证方式，利用硬件卡的存储和计算能力，将用户的认证特征进行脱机认证。安全认证技术正朝着多因素结合的方向发展，通过采集多种生物特性，并且利用硬件的不可替代性，结合口令认证的方式，构建安全认证机制将是未来安全认证方法发展的新方向。

# 7.2　管控系统功能及架构

## 7.2.1　管控系统功能分析

　　移动互联网中承载了多种业务系统，而且各种业务系统具有各自的特点，为移动互联网带来了各种多样的安全威胁。同时，移动互联网业务的安全威胁不同于传统互联网，其在传统互联网威胁基础之上，具有针对移动特性的安全威胁。在研究移动互联网业务安全问题时，必须以移动互联网特性以及针对业务的安全威胁为重点。

借鉴多份相关标准和文章对网络中存在的安全威胁的划分方式，按照移动互联网中针对业务的攻击手段和攻击对象，这里将安全威胁分为以下几类：未授权业务数据访问、未授权业务数据操作、未授权业务访问、业务破坏、否认。每类安全威胁拥有各自的实现手段，并且相互联系，一种威胁实现手段可能导致多种结果。对于终端管控系统来说，终端持有者身份得到有效认证成为终端管控系统的主要工作之一。终端一旦落入非法用户之手，终端上存在的个人隐私信息将不再具有安全性，如果该入侵者获得了手机最高权限，终端管控系统也就必然形同虚设。因此为了能够准确地作出决策，通过预订方式，如口令认证（输入 PIN 码等）、事件预订（如手机换卡行为）等进行对终端持有者的分级认证，保证终端持有的安全性必将是终端管控系统的核心工作。根据要求，基于用户行为认证的智能终端管控系统的主要功能如下。

（1）设置终端用户行为数据搜集方法，获得实时的个人行为数据，为进一步对终端持有者身份认证提供实时数据来源。

（2）应用基于用户行为特征的终端认证算法 STSABUH，构建用户行为模型，并利用认证模块给出实时身份认证结果，解决目前终端管控系统对终端持有者身份的认证难题。

（3）具有友好且操作简单的用户交互界面，并且能够采用直观的显示方式输出结果，同时接受用户的交互操作。

（4）良好的扩展性和开放性。随着安全认证技术的高速发展，学术界有许多新方法被提出，系统应该很方便地集成新的方法。

## 7.2.2 系统架构

考虑到终端资源受限的特征，基于用户行为习惯认证的终端安全管控软件系统采用 C/S 架构，将耗资源的服务迁移到服务器端。如图 7-1 所示，系统采用 MVC（model view controller）设计模式，按照数据封装隐蔽、自顶向下、数据一致性和面向用户的原则将系统分为两大模块——客户端和服务器端，其中客户端负责用户行为数据的收集以及根据服务器端的要求执行相应的管控措施，服务器端则对来自客户端的数据进行预处理和分析，给出精确的认证结果并传递给客户端。为保证该系统的扩展性，系统服务器端预留了远程管控模块，以便于终端丢失的用户对终端采取远程定位、擦除以及锁机等管控措施。

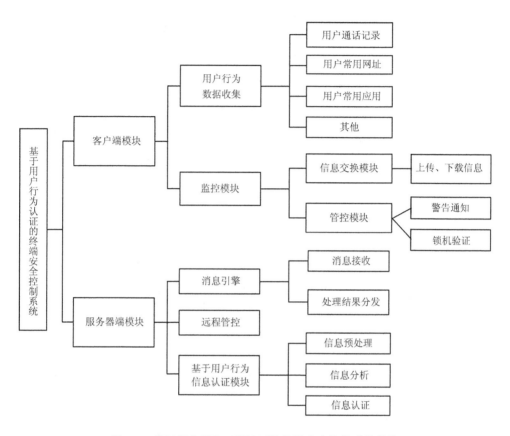

图 7-1　基于用户行为习惯认证的终端安全管控系统结构

## 7.2.3　系统数据库

根据系统需求和架构设计，本系统主要的数据表设计如图 7-2 所示。其中，url_log_list 为用户上网数据表，app_log_list 为用户应用程序使用记录表，smslog_list 为用户短信记录数据表，calllog_list 为用户通话记录数据表，always_app_list、always_contact_person_list 和 always_url_list 分别为常用应用、常用联系人和常用网址数据表，用以存储来自系统的数据处理结果。考虑到可能涉及多个用户的使用，系统根据设备 ID 进行区分，故采用表 device_list 进行记录。当用户设备进行数据上传时，每次会话都带上设备 ID。

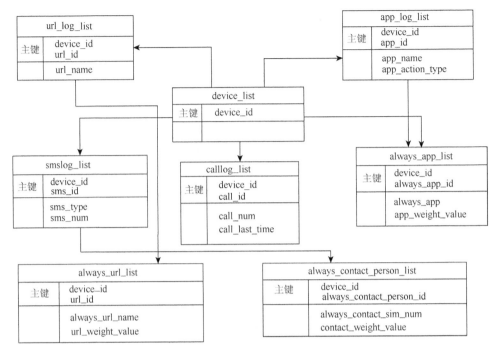

图 7-2　管控系统数据表

## 7.3　管控系统开发环境

随着移动互联网建设的加快，目前以 iPhone、Android 为代表的智能手机在移动终端市场中表现出强劲的发展势头，考虑到 Android 系统具有简便的开发性和良好的开放性，所以选择基于 Android 手机操作系统的智能终端进行实验验证。

### 7.3.1　终端系统软件

Android 一般指 Coogle 开发的基于 Linux 平台的开源手机操作系统，实际上是一个程序集，包括操作系统、用户界面和应用程序等。目前，基于该系统的应用越来越多，受到了人们的极大关注。另外，基于 Android 的开发非常方便，这也成为手机平台开发者所喜爱的原因之一。

Android 系统的主要特点如下。

（1）程序框架由可重用及可复写组件组成。

（2）针对移动设备优化过的 Dalvik 虚拟机。

（3）整合浏览器，该浏览器基于开源的 WebKit 引擎开发。

（4）提供了优化过的图形系统，该系统由一个自定义的 2D 图形库、一个遵循 OpenGL ES1.0 标准（硬件加速）的 3D 图形库组成。

（5）使用 SQLite 来实现结构化数据的存储。

（6）媒体方面对一些通用的 audio、video 和图片格式提供支持（MPEG4、H.264、MP3、AAC、AMR、JPG、PNG、GIF）。

（7）GSM 技术（依赖硬件）。

（8）蓝牙、EDGE、3G 和 WiFi（依赖硬件）。

（9）Camera、GPS、指南针、加速计（依赖硬件）。

（10）丰富的开发环境，包括一个设备模拟器、调试工具、内存和效率调优工具和一个 Eclipse 的插件 ADT。

Android 有众多的版本，因此产生了一些版本兼容性问题。为此在开发应用前，必须查阅官方资料了解目标手机对应的版本，选择正确的 SDK 才能进行 Android 某个版本的开发。

Android 系统各个版本和对应名称包括：Android 1.1 为初始版本；Android 1.5 命名为 Cupcake，中文意思为纸杯蛋糕；Android 1.6 命名为 Donut，中文意思为甜甜圈；Android 2.0/2.1 命名为 Eclair，中文意思为松饼；Android 2.2 命名为 Froyo，中文意思为冻酸奶；Android 2.3 命名为 Gingerbread，中文意思为姜饼；Android 3.0/3.1/3.2 命名为 Honeycomb，中文意思为蜂巢；Android 4.0 命名为 Ice Cream Sandwich，中文意思为冰激凌三明治。

确定好手机使用的操作系统版本后，首先到 Android 官方网站（www.android.com）下载对应的 SDK，然后下载集成开发环境 Eclipse 软件并进行安装，最后由于 Android 程序是基于 Java 开发的，所以登录 http://www.Java.com/en/download/manual.jsp 下载最新的 JDK。下载完毕后安装 SDK，推荐为 Android 程序开发单独建立目录，如 C:\android\project，安装 Eclipse 和 J2RE 到默认目录即可。

## 7.3.2　集成开发工具

Android 的应用程序大都是采用 Java 程序编写的，使用集成开发 IDE 会使开发变得更加简单轻松。支持 Android 应用程序开发的 IDE 主要是 Eclipse，它是一个开放源代码的、基于 Java 的可扩展开发平台。就其本身而言，它只是一个框架和一组服务，用于通过插件组件构建开发环境。Android 为 Eclipse 提供了集成插件 ADT，该 ADT 为 Android 开发提供开发工具的升级或者变更，可以视为 Android 在 Eclipse 下的升级或者下载工具。

在 Eclipse 下开发 Android 程序主要有以下几个步骤，如图 7-3 所示。

（1）安装 Eclipse，同时配置 JDK 和 SDK 的环境变量，同时安装最新的 ADT 开发套件。

（2）编写 Android 工程文件，需要对 Android 模拟器使用的 SDK 类型、API 级别进行确定，同时填写配置文件等。

（3）编译 Android 工程，使之成为具有跨平台的字节码。

（4）配置模拟器参数后并启动，将 Android 工程通过 ADB 工具安装到模拟器中，这个过程中 ADT 自动将 Android 应用程序打包为.apk 文件。

（5）根据模拟器运行效果进行单步调试并修改运行 Android 工程。

（6）测试无误后，该 Android 工程文件经过签名再打包为.apk 文件。

（7）新建 Android 工程，重新进行开发。

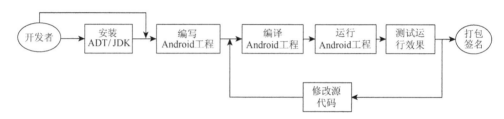

图 7-3　Eclipse 下 Android 程序开发流程

## 7.4　管控系统实现

### 7.4.1　管控系统核心功能实现

#### 1. 客户端模块

在基于用户行为习惯认证的终端安全管控系统中，对用户行为数据的采集是系统的关键。它的主要功能是把用户的通话记录、短信联系人、上网网址和应用程序使用情况进行收集，经过加密后定时上传到服务器端，最后写入服务器端的数据库中。在实现过程中，设计类 MonitorAppservice、HistoryObserver 和 Demoservice 分别用以收集应用程序、上网记录和联系人信息，然后写入临时文件夹中，最后通过类 Upload 上传到服务器端。终端安全管控系统客户端核心代码如下：

```
//监控应用程序
class MonitorAppservice extends  Service{
    private HashMap<String, Integer> appsStored=null;
    //保存程序进程名称
```

```
    private final int STARTED_APP=0;      //刚开启的程序标记为 0
    private final int CLOSED_APP=1;       //刚关闭的程序标记为 1
    private TelephonyManager tm;
    public IBinder onBind(Intent arg0);
    public void onCreate();       //初始化
    public void onDestory();      //销毁该服务
    public void onStart();        //启动该服务
    public void appcollect();     //监控智能机上的应用使用情况
}
//监控上网活动
class HistoryObserver extends ContentObserver{
    private Context context;
    private String prevUrl = "";
    public void urlcollect(boolean paramBoolean);
    //从数据库获得上网记录
    public void onChange(boolean paramBoolean);  //设定监控时间段
    public boolean deliverSelfNotifications();  //注销该服务
}
//获取通信记录
class demoservice extends Service{
    public void onCreate();       //初始化
    public void onDestory();      //销毁该服务
    public void onStart();        //启动该服务
    callcollect();     //收集智能机上的通话信息
    smscollect();      //收集智能机上的短信信息
}
//管控模块
class LockScreenReceiver{
    private DevicePolicyManager mDPM;  //获得 Android 设备管理代理
    private ComponentName mDeviceAdminSample;
    public Controller();  //为智能机端锁屏模块,当接收到服务器端的预订信息时立
                          //即锁屏以及发送当前 SIM 卡和位置信息
}
class Upload{ }         //客户端与服务器端交互模块
```

## 2. 服务器端身份认证

在基于用户行为习惯认证的终端安全管控系统中，利用收集的用户行为数据对用户进行身份认证是系统的核心环节。服务端不断接收来自客户端的用户行为数据，按照预定的常用联系人、应用与网址模型（专家库）对数据进行筛选和分析，不断对用户的习惯进行更为精确的描述，并将结果存储于数据库，同时根据前后数据的不一致性作出初步判断，再将神经网络模块给出的认证结果反馈给客户端，以便客户端触发其管控机制。该模块的结构如图 7-4 所示。

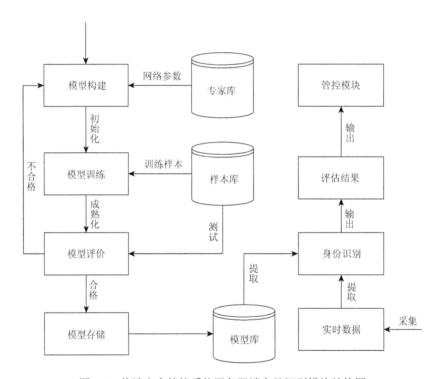

图 7-4　终端安全管控系统服务器端身份识别模块结构图

以下为该模块中专家库的具体实现核心代码：

```
public class DetectLinkman{
    public DetectLinkman(String deviceId, int start1, int start2, int
                         end);
    //定期（24 h）将实时数据与常用联系人库比较获得用户实时行为数据
    //序列，定期（1 周）更新常用联系人数据库
    public DetectLinkman(); //初始化，用以检测常用联系人信息
```

```
}
public class DetectApp{
```
//定期（24h）将实时数据与常用应用库比较获得用户实时行为数据序列，定期（1 周）
//更新常用应用数据库
```
    public DetectApp(String deviceId, int start, int end)
}
public class DetectUrl{
```
//定期（24 h）将实时数据与常用网址比较获得用户实时行为数据序列，定期（1 周）
//更新常用网址数据库
```
    public DetectUrl(String deviceId, int start, int end);
}
```
终端安全管控系统服务器端神经网络模块核心代码如下：
```
P=[1 0 1 0 1 0；1 0 0 0 0 0；1 0 1 1 0 1]；//给定训练样本数据
T=[1 0 0 0 0 0]；
```
//给定样本数据所对应的类别，用 1 和 0 分别表示两种类别
//创建一个有两个输入、样本数据的取值范围都为[0，1]，并且网络只有一个神经元的
//感知器神经网络
```
net=newp([0 1；0 1；0 1], 1);
net.trainParam.epochs = 50；//设置网络的最大训练次数为 50 次
net=train(net, P, T);          //使用训练函数对创建的网络进行训练
W=net.iw(1, 1), b=net.b{1}
Y=sim(net, P)                  //对训练后的网络进行仿真
Disp('网络的平均绝对误差：')
E1=mae(Y-T)        //计算网络的平均绝对误差，表示网络错误分类
```

## 7.4.2　系统运行效果

### 1. 用户行为习惯数据收集界面

基于用户行为习惯认证的终端管控系统，首先需要通过对用户行为数据进行采集，然后构建用户行为模型。图 7-5 为该系统的用户行为习惯数据收集界面，它的主要功能是提供对用户行为数据类型的定制以及对隐私的保护，并形成用户行为数据集文件。为了有效地保护用户隐私，提供用户自定义数据采集类型以及用户时间，同时用户可以浏览收集的数据信息，在数据上传前对用户敏感信息（如电话号码、上网网址等）全部加密，排除服务器端侵犯用户隐私的可能性。

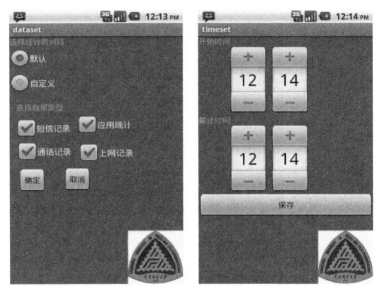

图 7-5　用户行为习惯数据收集界面

2. 用户行为数据上传界面

　　数据上传模块定时将数据收集器收集的用户行为数据进行上传,本章设定自动上传时间为 1 天,为减轻客户端负担,该数据集上传后就设定自动删除,运行效果如图 7-6 所示。

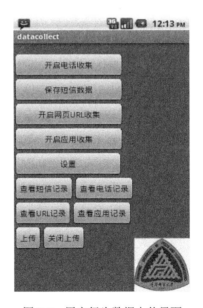

图 7-6　用户行为数据上传界面

### 3. 判定非法用户启动管控系统模块功能

软件的后台监测模块在跟随系统启动之后立即自行运行，检测移动终端上的状态和信息，一旦服务器将终端持有者身份判定为非法用户，系统立即向智能终端发送预订消息，终端一旦接收到消息便启动管控模块进行终端锁屏功能，并从本地存有常用联系人的数据库中提取权值最大的联系人号码，与此同时获取终端现有的 SIM 卡信息以及当前的位置信息，并以短信的形式发送给该联系人，并在后续的几次通知中加载终端当前的地理位置，客户端只有在常用联系人通过短信认证后才能继续使用，流程如图 7-7 所示。

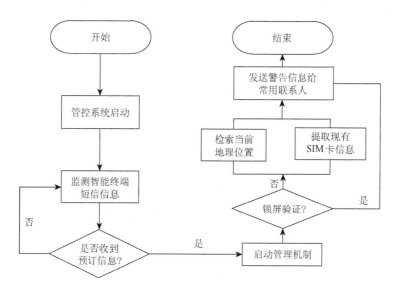

图 7-7　安全终端管控系统工作流程图

# 7.5　管控系统测试和评估

## 7.5.1　测试环境

基于用户行为认证的管控系统软硬件测试环境如表 7-1 所示。

表 7-1　基于用户行为认证的管控系统软硬件测试环境

| 类型 | 硬件环境 | 软件环境 |
| --- | --- | --- |
| 服务器端 | 内存 2GB，硬盘 160GB，CPU 3.2GHz | Tomcat5.6，JDK1.6 |
| 客户端 | 华为 U8500 | Android2.2 |

其中服务器端部署有应用服务器和数据库服务器，应用服务器对来自客户端的行为数据进行分析并给出认证结果，数据库服务器用来保存用户行为数据和常用联系人，这样便于管理信息。测试实验系统如图 7-8 所示。

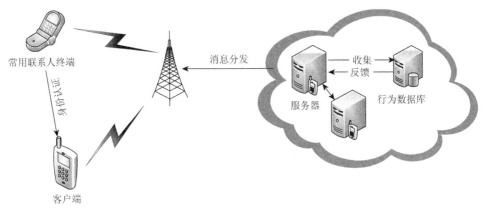

图 7-8　测试实验系统

## 7.5.2　测试用例

### 1. 系统功能测试

为了验证本系统的灵敏度和有效性，测试方法主要依照该系统的功能设计测试用例，本系统采用了共 89 个测试用例，其中主要用例如表 7-2 所示，经过测试，表 7-2 所列功能均获得实现。

表 7-2　基于用户行为认证的管控系统测试用例

| 测试点编号 | 详细分类 | 测试点描述 | 测试用例描述 | 预期结果 |
|---|---|---|---|---|
| 1. 软件注册 | 1.1 | 首次使用 | 用户第一次安装 | 服务器据测试手机分配一个软件 ID |
| | 1.2 | 再次安装后注册 | 用户卸载后再次安装 | 服务器自动检测测试手机，不再分配 ID |
| 2. 软件设置 | 2.1 | 开机自启动 | 设置是否开机自启动 | 软件开机自启动 |
| | 2.2 | 采集信息类型设置 | 在信息收集界面选择各种类型 | 测试手机依照设置采集信息 |
| | 2.3 | 采集信息浏览 | 在信息浏览界面选择浏览类型 | 用户在测试手机可以查看、收集数据内容 |
| | 2.4 | 采集信息时间段设置 | 在信息收集界面选择时间段 | 测试手机只收集设定时间段后的数据内容 |
| | 2.5 | 采集信息加密设置 | 在信息收集界面选择是否加密 | 对测试手机收集的数据进行加密 |

续表

| 测试点编号 | 详细分类 | 测试点描述 | 测试用例描述 | 预期结果 |
|---|---|---|---|---|
| 3. 信息处理功能 | 3.1 | 采集信息定时上传 | 测试手机向服务器端定时上传信息 | 测试手机定时上传信息 |
| | 3.2 | 信息接收 | 服务器端向测试手机发送信息 | 测试端获得服务器传来的信息 |
| | 3.3 | 信息加密 | 测试手机是否上传加密信息 | 服务器端获得测试手机加密后的行为信息 |
| | 3.4 | 获取安全号码 | 服务器向测试手机发送常用联系人 | 测试手机获得常用联系人列表 |
| 4. 管控功能 | 4.1 | 手机屏幕锁定 | 服务器向测试手机发送 SP 信息 | 测试手机屏幕锁定 |
| | 4.2 | 手机屏幕解锁 | 服务器向测试手机发送 JP 信息 | 测试手机屏幕解锁 |
| | 4.3 | 发送警告 | 测试手机向常用联系人发出报警信息 | 常用联系人手机获得测试手机处于危险的信息 |
| | 4.4 | 发送终端位置信息 | 测试手机向常用联系人发出终端位置信息 | 常用联系人手机获得测试手机位置信息 |
| | 4.5 | 发送 SIM 卡信息 | 测试手机向常用联系人发出终端 SIM 卡信息 | 常用联系人手机获得测试手机 SIM 卡信息 |
| | 4.6 | 删除个人通话记录 | 服务器向测试手机发送 SCTH 信息 | 测试手机删除个人通话记录 |
| | 4.7 | 删除个人通信录 | 服务器向测试手机发送 SCTXL 信息 | 测试手机删除个人通信录 |

## 2. 系统身份识别功能测试

为了测试该管控系统是否能够正确识别使用者的身份，选取若干志愿者，测试方法为：志愿者甲使用带有本管控系统客户端的手机一个月，以便构建该用户的行为模型，志愿者甲继续使用手机一个月，所获得数据用以代表合法用户使用该手机的情况，将志愿者甲使用过的手机交给志愿者乙使用一个月，所得的用户数据用以代表非法用户使用该手机的情况。当为异常用户时，图 7-9 所示为本管控系统监测结果。其中系统判定为非法用户时，提取常用联系人并向其发出认证信息，该常用联系人发出的短信内容为解密码，同时该常用联系人获得当前终端 SIM 卡信息以及地理位置信息。

图 7-9 终端锁屏以及常用联系人收到警告信息

## 7.5.3 同类软件对比测试评估

为判断该系统的优越性,选取基于密码认证的 360 安全卫士以及基于指纹认证的 Finger Scanner Pro 两款软件进行对比分析,见表 7-3,其中基于行为习惯数据认证在认证精确度上要高于基于密码认证的技术,在构造成本上要低于基于生物特性的认证方式。由于收集用户行为数据需要一定的时间,所以本系统在认证灵敏度上不够灵活,仍有待改进。

表 7-3 各个管控软件功能对比

| 功能 | 360 安全卫士 | 基于用户行为认证的管控系统 | Finger Scanner Pro |
|---|---|---|---|
| 开机自启动 | √ | √ | × |
| SIM 换卡锁机 | √ | √ | √ |
| 被盗手机定位 | √ | √ | √ |
| 被盗密码认证 | √ | √ | √ |
| 被盗朋友认证 | × | √ | × |
| 被盗手机锁屏 | √ | √ | √ |
| 管控精确度 | 一般 | 高 | 一般 |
| 管控时延 | 一般 | 有时延 | 一般 |
| 对硬件的要求 | 一般 | 低 | 需特定硬件 |

# 7.6　异常检测模块

在对系统收集的行为数据分析的过程中，分析要求、分析效率和分析结果的准确率一直是主动防御的瓶颈。在当前的技术中，机器学习是解决数据分析问题的方法之一。

入侵检测系统（intrusion detection system，IDS）是符合动态安全模型的核心技术之一，传统的 IDS 存在大量的问题：对未知网络攻击检测能力差、误报率高、占用资源多；对攻击数据的关联和分析能力不足，导致过多的人工参与；对于现存广泛使用的脚本攻击防御能力差等。为了在现代高带宽、大规模网络环境下提高入侵检测的效率，降低漏报率和误报率，因而把机器学习方法引入 IDS 中，并采用分布式体系结构已成为重要的发展方向。机器学习所关注的问题是计算机程序如何随着经验积累自动提高性能，这与入侵检测系统对外界的入侵进行自我学习，以提高入侵检测的准确率，降低入侵检测的漏报率是一致的。因此，近年来人们把机器学习的理论和方法应用到入侵检测的研究领域，并取得了一些积极的进展。

在本系统中，将机器学习用于异常检测部分，如图 7-10 所示。

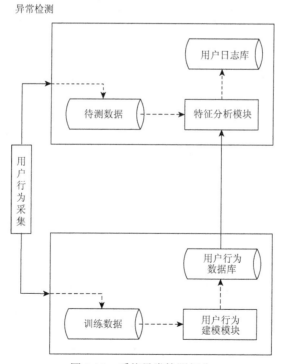

图 7-10　系统异常检测部分

异常检测通过对绑定用户身份的虚拟机进程行为进行统计和分析，然后结合人类行为规律来对特定虚拟机进程的行为进行检测，从而发现行为是否偏离用户的正常行为，最后根据威胁程度划分威胁等级，包括无威胁、潜在威胁和严重威胁。

在威胁程度划分问题上，利用基于机器学习的分类方法可以尽可能准确地划分威胁程度，如利用贝叶斯分类器或者支持向量机（SVM）分类器，以及 C4.5等算法。

下面介绍使用支持向量机的例子。

支持向量机基于结构风险最小化原理，根据有限的样本信息在模型的复杂性和学习能力之间寻求最佳折中，以期获得最好的范化能力。

符合某种未知概率分布 $f(x,y)$ 的训练数据集 $(x_i,y_i)$ 为

$$(x_1,y_1),(x_2,y_2),\cdots,(x_m,y_m)\in X\times\{\pm1\}$$

其中，$X$ 为一个非空集合，设计一个最优分类器 $f(x):X\to\{-1,+1\}$，能够用于对测试数据集上的概率分布 $F(x,y)$ 的估计。当 $X$ 为线性可分的 $R^n$ 时，原问题为在线性可分实数空间上寻找一个广义最优分类面的问题。该问题可以转化为一个对偶优化问题

$$\max Q(\alpha)=\sum_{i=1}^{n}\alpha_i-\frac{1}{2}\sum_{i,j=1}^{n}\alpha_i\alpha_j y_i y_j(x_i x_j)\quad\left(\alpha_i\geq0;i=1,2,\cdots,n;\sum_{i=1}^{n}y_i\alpha_i=0\right)$$

从而得到最优分类函数为

$$f(x)=\mathrm{sgn}\{(wx)+b\}=\mathrm{sgn}\left\{\sum_{i=1}^{n}\alpha^*_i y_i(x_i x)+b^*\right\}$$

在输入空间是非线性的情形下，统计学习理论通过核函数将输入空间变换到一个高维特征空间，然后在特征空间中构造最优分类面实现分类，核函数只要满足 Mercer 条件即可。设核函数为 $K(x_i,x_j)$，则对应的优化对偶问题为

$$\max Q(\alpha)=\sum_{i=1}^{n}\alpha_i-\frac{1}{2}\sum_{i,j=1}^{n}\alpha_i\alpha_j y_i y_j K(x_i x_j)\quad\left(\alpha_i\geq0;i=1,2,\cdots,n;\sum_{i=1}^{n}y_i\alpha_i=0\right)$$

相应的最终决策函数为

$$f(x)=\mathrm{sgn}\{(wx)+b\}=\mathrm{sgn}\left\{\sum_{i=1}^{n}\alpha^* y_i K(x_i x)+b^*\right\}$$

最后通过训练后的决策函数实现了对异常行为的分类。

支持向量机是研究的热点，一些学者在研究利用混合的无监督的聚类（UC）方法和超平面的 One-SVM 算法进行异常检测，算法结合了 UC 的快速性和One-SVM 的精确性。一些研究人员的研究针对入侵检测中遇到的含噪数据提出了健壮 SVM（RSVM）的分类方法。一些学者的研究还利用 SVM 方法对进程运

行时产生的系统调用序列建立了入侵检测模型，实验表明所建立的检测模型需要的先验知识很少，并且训练时间较短。有的研究针对入侵检测所获得的高维小样本异构函数集，将有监督的 C-SVM 算法和无监督的 One-SVM 算法用于网络连接信息数据中的攻击检测和异常发现。还有一大批学者研究了在入侵检测中对大规模网络数据的 SVM 训练的问题，比较了序贯最小化优化（SMO）、分解和缓存、增量 SVM（ISVM）、树 SVM（tree SVM）和阵列 SVM（array SVM）算法的性能。

　　虽然支持向量机是当今的研究热点，但是它还存在一些不足之处，SVM 的不足之处在于：SVM 在训练之前必须进行模型选择，并要确定一些参数，其中最重要的就是核函数，但核函数往往凭经验选择；SVM 通常只能处理数值数据；SVM 一般只能处理二元分类问题，要区分多种入侵方式，就要使用多个 SVM 来实现，但目前还难以确定哪一种多分类 SVM 算法性能最优。

## 7.7　本 章 小 结

　　本章以 Android 手机操作系统为开发平台，首先对软件开发环境的搭建进行了阐述，其次对系统整体设计进行了阐述，接着给出了各个模块的具体实现，着重对基于用户行为的安全认证模块和客户端管控模块进行了详细阐述。最后，通过设置不同的软件用例对系统的灵敏度和准确性进行了测试，结果表明基于行为特征认证的安全监控系统达到了预期的效果。

## 参 考 文 献

胡文平. 2012. 面向移动通信终端的安全认证中间件研究. 重庆: 重庆邮电大学.

贾守盛. 2013. 智能移动终端主动防御技术研究与设计. 重庆: 重庆邮电大学硕士学位论文.

Gavalas D, Bellavista P, Cao J, et al. 2011. Mobile applications: Status and trends. The Journal of Systems and Software, 84(11): 1823-1826.

Joe I, Lee Y. 2011. Design of remote control system for data protection and backup in mobile devices. 2011 4th International Conference on Interaction Sciences: 189-193.

Laih C S, Ding L, Huang Y M, et al. 2005. Password-only authenticated key establishment protocol without public key cryptography. Electronics Letters, 41(4): 185-186.

Li T, Hu A Q. 2011. Mobile trusted scheme based on holistic security service system. 2011 International Conference on Network Computing and Information Security: 150-155.

Luis G E. 2011. Admission control for a responsive distributed middleware using decision trees to model run-time parameters. Parallel Computing, 37(8): 379-391.

Needham R M, Schroeder M D. 1978. Using encryption for authentication in large networks of computers. Communications of the ACM, (12): 993-999.

Norihito Y, Iichiro N, Tomoyuki N, et al. 2011. Authentication and certificate managements of unauthorized intrusion in ad-hoc networks, problems and solutions. 2011 14th International Conference on Network-based Information Systems: 646-650.

Rafael M L, Fernando P, Gabriel L, et al. 2011. Providing EAP-based Kerberos pre- authentication and advanced authorization for network federations. Computer Standards and Interfaces, 33(5): 494-504.

Stephen F. 2011. Not reinventing PKI until we have something better. IEEE Internet Computing, 15(5): 95-98.

Yan L L, He L B, Cang Y, et al. 2010. Analysis of Yahalom-Paulson protocol in strand spaces. 2010 International Conference on E-Business and E-Government: 1299-1302.